你就是情商不高

激发你的情感潜能

王超◎著

中国纺织出版社

内 容 提 要

通常，一个人的成功，只有20%归于智商，80%则取决于情商。学会做人比学会做学问更重要，别只注重对智力的培养，而忽略了自己情商的训练。

本书从自我意识、自我管理、人际意识、心理素质、情绪失控、情绪运用、情绪修炼等全方面解码“如何激发情感潜能”，使你能更充分地发挥情商的作用，充分而又完善地发挥你所拥有的各种能力！

图书在版编目（CIP）数据

你就是情商不高：激发你的情感潜能 / 王超著.--北京：中国纺织出版社，2018.8
ISBN 978-7-5180-5034-5

Ⅰ.①你… Ⅱ.①王… Ⅲ.①情商—通俗读物 Ⅳ.①B842.6-49

中国版本图书馆CIP数据核字（2018）第108501号

责任编辑：闫 星　　特约编辑：王佳新　　责任印制：储志伟

中国纺织出版社出版发行
地址：北京市朝阳区百子湾东里A407号楼　邮政编码：100124
销售电话：010-67004422　传真：010-87155801
http：//www.c-textilep.com
E-mail：faxing@c-textilep.com
中国纺织出版社天猫旗舰店
官方微博http：//weibo.com/2119887771
北京通天印刷有限责任公司印刷　各地新华书店经销
2018年8月第1版第1次印刷
开本：710×1000　1/16　印张：13
字数：124千字　定价：36.80元

EQ 前言

生活中，你是否自我意识较差，比较自卑，没有明确而清晰的人生目标，也不打算付诸实践，对身边人有严重的依赖性；说话和做事从来不考虑别人的感受，常常发脾气，处理人际关系能力较差，应对焦虑能力较差，生活没有章法，还总喜欢抱怨；遭遇失败后总为自己找理由，喜欢推卸责任，做事怕困难，胆子比较小，心理承受能力较差，经常哭泣，对人生感到悲观绝望。

如果以上这些情况你全部中招，那一言以蔽之——你就是情商不高。

情商，通常是指情绪商数，简称EQ，主要是指人在情绪、意志、耐受挫折等方面的品质，其包括导商等。其实，人与人之间的情商并没有明显的先天差别，更多与后天的培养密切相关。现代社会，每个人面对的是快节奏的生活、高负荷的工作和复杂的人际关系，没有较高的EQ是不容易获得成功的，因为在某种程度上，情商会影响智商的发挥。高情商的人，人们都喜欢与他交往，相应地，他们也会获得更多人的拥护和支持。如今，人际关系是重要的资源，良好的人际关系往往会让人获得更多的成功机会。那么，情商的重要性，不言而喻。

美国哈佛大学的教授丹尼尔·戈尔曼说："情商是决定人生成功与否的关键。"激发情感潜能，主要从五大方面进行：了解自我，时刻关注自身的变化，只有有效认识自己，才能成为自己生活的主宰；自我管理，擅长调节自己的情绪，使之适时、适度地表现出来；自我激励，调动自己的情绪，让自己走出低潮，重新出发；揣摩他人的情绪，认知他人的情绪，这是与其他人正常交往，实现顺利沟通的基础；处理人际关系，也就是调控自己与他人的情绪反应的技巧。

高情商的人通常社交能力强，外向而愉快，不容易陷入恐惧或伤感，对工作竭尽全力，为人正直，富有同情心，情绪生活较丰富但不逾矩，不管是独处还是与许多人在一起时都能怡然自得。情商的价值是无可估量的，情商将伴随着我们的一生，不过这却是经过后天培养与修炼可以提升的。激发情感潜能，需要我们去勇敢地面对自己厌恶的事情，这样可以迅速地成长，去勇敢地面对自己所怕的。

编著者

2017年11月

EQ

目录

第 01 章

解码情商，你对情商知多少

情商是开启心智的钥匙、激发潜能的秘诀，它犹如一面镜子，令人时刻调整自己、激励自己，是一个人获得幸福的力量源泉，同时也是人们重要的生存能力和技巧。情商越高，交际能力就越强，人际关系也就越和谐，收获的幸福感也就越强。

什么是情商

情商，也就是情绪智力，主要是指人在情绪、情感、意志及耐受挫折等方面的品质。所谓的高情商，其实就是聪明的另一种说法，但这并不是智力上的聪明，而是一个人生活能力，比如，如何为人处世、控制自己、控制情绪，是否关心别人以及是否能有效地激励自己。那或许有人会问：情商究竟有什么用呢？我们可以简单地说，高情商是一个人的协调者、创造者，是幸福生活的推动者。因为拥有了高情商，他就懂得如何将人生的罗盘拨向好运和成功的一面。

情商可以让我们改变心情。在生活中，我们不能改变事情的结果，不能左右天气的阴晴，不能改变人生的苦难，但是，我们可以改变自己的心情。对于每个人来说，需要接受一切可以接受的，改变自己能改变的。也许生活中的某些事情，会让我们的心情变得很差，这时不妨换一种心情，你会发现事情并没有想象中那么糟糕。

天气没有变，但是心里的天气变了。其实，你对任何事物的看法，取决于你的心情。所以，当自己心情糟糕的时候，给自己换一种心情，会让你有全新的发现。有时我们的心情表现出消极的时候，你就无法用理智的眼光来看待问题，你的思路已经被消极给封闭了，而这是低情商的显现。

小贴士

情商高的人，总是能够在生活和工作中获得自己的成功。他们大都目光长远，不计较眼前的利益，而是关注于长远的利益。他们考虑问题，总是深思熟虑；做事情，总是未雨绸缪。在生活中，他们能够打开心理接受各种情绪的影响，具有很强的情绪承受能力。他们总是保持乐观、积极向上的心态面对生活，所以他们常常能战胜人生路途中的每一个艰难险阻，最终摘得成功的果实。

情商影响你的心态

情商是人们获得幸福的力量源泉，因为情商高，人们会变得更幸福。高情商的人，他们会把每一天都当成新的开始，无论昨天多么困难，毕竟都已经过去了，从今天开始，又是新的生活、新的开始。当他们这样想的时候，他们已经精神百倍地开始新的生活了。在他们看来，每天醒来，能够自由地呼吸，能够灿烂地微笑，那就是莫大的幸运，因此他们无时无刻都感觉到自己是幸福的。

高情商的人常常会为身边的美好事物和自然景观而感到心情愉悦，比如，沾着露珠的鲜花，雨后清新的空气。不管情形多么糟糕，他们都善于将自己的思路和言谈都引导到振奋人心、鼓劲儿的观念上去，并将糟糕情形中的消极方面压缩到最低限度，竭力找出积极的、振奋人心的东西。

她今年55岁了，可是显得十分年轻，脸上一丝皱纹也看不见，站在人群中，总是优雅高贵，魅力四射。她曾经离过一次婚，甚至还与前夫对簿公堂，这样的人生会让很多人觉得不那么完美。但她现在的婚姻生活也十分幸福，夫妻相敬如宾，是朋友，也是亲人。

有人忍不住问："你的保养秘诀是什么？"

她幸福地笑着说："保持乐观的心态。"

保持乐观的心态，也是高情商的一种显现。因为有乐观的心态，所以可以坦然面对自己失败的婚姻，而不是从此一蹶不振。她从自己失败的婚姻里走了出来，对新的生活充满了信心，因此才会邂逅另一段浪漫的感情。由于高情商，她成为了不老的传奇，是众多女人的榜样。

罗勃·史蒂文生写道："从现在一直到我们上床，不论任务有多重，我们每个人都能支持到夜晚的降临，无论工作多么艰苦，每个人都能做自己当天的工作，都能很开心、很纯洁、很有爱心地活到日落西山，这就是生命的真谛。"

小贴士

高情商的人很容易领悟到生命的真谛，也因为如此，他们会感受到更多的幸福。而低情商的人总是停留在过去的阴影里，最终他们的身体和精神也被彻底摧垮了。对高情商的人来说，自己所能做的就是把每一天当作新生，并为活在这一刻而感到幸福。

情商高更容易成功

俗话说："行动才是真理。"有些人做事总要等到自己心情好的时候，才着手去做。而高情商的人就不会这样，他们一旦心里有了什么想法，就会放开手去做。只有投入到实际的行动中去，才会发现问题所在，才会及时更正，才有成功的机会。当你对一个计划有所改变或者创新的时候，行动才是取得成功的关键。

高情商的人不管自己的心情处在什么样的状态，都会坚持正常工作。他们努力克服自己的不良情绪，把自己放入一个最可能获得成功的心态中。他们只要有一点点想法，哪怕是不成形的，都会勇于尝试。因为他们知道，如果不去尝试，就永远没有机会获得成功。而且，在尝试的过程中，高情商的人更是拿出自己内心的坚韧与执着，永不放弃，朝着既定梦想和目标前进。

其实，做人与做事有异曲同工之妙，做成一件事情，首先需要立即行动，否则你就丧失了机会。其次必须要经历挫折与困难，若是不够坚韧，缺乏执着的精神，那事情肯定不会成功。高情商的人懂得如何获取成功，那就是心动不如行动，在通往成功的路上，需要坚持、坚持、再坚持。

许多人都忽视了这样一个道理：人的好心态比漂亮的外貌更重要。好心态，就是可以坦然地接受自己；即使在逆境中，也以乐观的心态待之。当青春美貌来不及缱绻情长，像过客一样飘然离去的时候，那些相貌平平，甚至身体残缺但心态好的人却更容易被人们记住，因为他们成功了。

小贴士

高情商的人时刻怀着一颗乐观的心去对待生活，积极向上。如果自己改变不了厄运，那就改变心情。拥有积极向上的心态的他们，不但善于去克制自己的情绪，也在生活中影响着他人的情绪，不知不觉就把乐观感染给身边的每一个人。遇到烦恼时，他们也不烦躁，因为他们知道，生气是没有用的，唯有乐观才能让那些痛苦、烦躁烟消云散。

高情商更容易获得幸福感

高情商的女人，她们的家庭生活往往幸福、甜蜜，因为她们懂得如何去处理家里发生的种种矛盾，不急不躁，不吵不闹，却游刃有余地掌控着事情的发展动向。反之，那些低情商的女人动不动就发脾气，她们常常因为自己的坏情绪得不到发泄，而对家里人发脾气，从来不会致力于寻找解决问题的办法，结果伤人伤己，使得原本和谐的一家人互相敌视，甚至搞得以离婚收场。高情商的女人能让家庭生活幸福甜蜜，她们懂得珍惜家庭生活，她们从来不把家庭当作发泄坏情绪的垃圾桶，而是把家庭当作幸福的归宿。她们更懂得，幸福甜蜜的家庭生活并不是随便就能获得的，而是需要自己用心去经营的。

高情商的女人善于掌控自己的感情，她们不喜欢依附男人，而喜欢做独立的自我。当她们享受着那份独立的心情，也赢得了自己的幸福，这就是高情商女人的高明之处。所以，抓住男人心的最佳办法就是活出自己的精彩，尤其是那些生活在围墙里的女人，更需要以高情商来和谐家庭氛围，把握住属于自己的幸福。

小丽在一家大公司上班，平时工作压力就大。这不，最近接手了一个很棘手的新客户。她第一次提案就被狠狠地打了回来，要求重做，时间又紧迫，客户要求很刁钻，令她情绪很差。

晚上下班回到家，一进家门，就看见儿子爬在地上玩耍，手里拿着的是自己公司里的阅读资料。她急忙从儿子手中抢过资料，再看老公，正悠闲地坐在沙发上看电视。小丽火气腾的一下就上来了："你回来就像个大爷一样？儿子也不管？晚餐也不准备？都打算叫我来吗？……”小丽怒气冲冲地数落起丈夫来，声音也是最高分贝的。一下子就把儿子吓哭了，老公赶紧把儿子抱在怀里，无辜地问：“你今天怎么了？没有招惹你吧。简直莫名其妙。”说完，带着儿子到书房去了。

小丽还想说几句，可是感觉已经没有力气了，瘫倒在沙发上。

小丽正是把工作带来的坏情绪带回了家，于是乎，老公和儿子就成了无辜的受害者。小丽把自己的坏情绪当作了发脾气的借口，为家庭的和谐安宁带来了干扰。若小丽不懂得控制自己的情绪，仍表现出低情商的行为，那所带给家庭的只会是无尽的哀怨，而不是幸福、甜蜜。

最近，李梅偶尔会听到老公的事情，不管是闺密还是公司的员工都告诉自己，老公身边有了新人了。李梅也经常听老公说起那个女人，她是公司的合作伙伴，有着超乎美丽的外表、显赫的家世。后来，她在一次聚会上见到了真人，那个骄傲的女子在李梅面前毫不掩饰自己的感情，似乎正式向自己叫板了。李梅笑着，展现着优雅而自信的姿态。

李梅还是老样子，只不过做了新的头发，换了新的衣服，看起来就像大学时那么美丽、可爱；她开始变着花样做菜，知道老公外面应酬都是比较油腻的食物，她特意做了清淡的饭菜，让回家的老公赞不绝口；周末的时候，她会邀请老公带着自己和女儿一起开车出去郊游，如果老公实在抽不开时间，她一个人也带着女儿出去，母女俩玩得很开心；她开始重拾英语，从结结巴巴的口语居然练到了能用英语与老外交流；偶尔与好朋友参加旅游团，上个月还去了欧洲，给老公和女儿带回来了礼物。

面对着李梅如此的变化，老公回家越来越勤了，经常推了应酬回家来吃饭，周末时也乐意与老婆孩子待在一起享受快乐。那个女人的名字几乎没有再提起了，老公几次想解释什么，但都被李梅打断了。李梅微笑着，幸福从来没有远离自己。

面对老公的外遇，高情商的李梅并没有大吵大闹，而是慢慢地变化着自己，以此来挽回老公的心。最终，她成功地获得了属于自己的幸福。在现实生活中，许多女人一旦发觉老公有了外遇，那必然是一哭二闹三上吊，千百年来，这几乎都是女人最拿手的好戏。但时至今日，这样的方法已经没有任何效果了，如此作践自己只会让男人更看轻你。所以，不妨学习高情商的女人李梅，反思是否自己忽视了穿衣打扮，熬成了一个黄脸婆；是否因为忙碌得忘记了交流感情；是否家里的饭菜一日不如一日了。

小贴士

高情商的女人之所以能获得家庭的幸福与甜蜜，就在于她们善于控制自己的情绪。吵架时绝不恶语相向，而是寻找自己内在的消极情绪；对待老人和小孩，从来不抱怨，因为心思细腻的她们在照顾老人和孩子的过程中发现了快乐的因素。任何时候，她们对生活都充满了希望，也因为如此，她们总是能够给家人带来欢乐。

情商决定你的命运

卡耐基说："如果只有柠檬，就做杯柠檬汁。"当你第一次尝到柠檬，那一口酸入心脾的味道一沾舌尖，你立即就会呲牙咧嘴忙不迭地吐出来。如果上天给你的是个柠檬，确实是一件郁闷的事情，但我们却可以将这个酸柠檬做成甜的柠檬汁。柠檬本身是又苦又酸的，难以下咽，可是如果你把它榨成汁，加上糖，倒进蜂蜜，却变成味道很好的柠檬汁。尽管生命给我们酸苦，但是我们可以让它变得甘甜。有的人不幸拿到柠檬，他就会自暴自弃地说："我垮了。这就是命运，我连一点机会都没有。"

高情商的人善于用柠檬做成柠檬汁，将那些所谓的劣势转换为自己的优势。我们必须明白，生活中的快乐并不全是来自于享乐，还有一部分是来自一种挑战挫败的成就感，一种超越挫折的胜利，一次将命运的酸柠檬榨成可口柠檬汁的过程。

戴尔并没有因为自己只有一只眼睛，就开始抱怨生活的不公平，而是愉快地融入人们的生活中去。她甚至不需要人们的怜悯，而是希望自己看起来跟别人没有什么两样。事实上，她做到了，虽然付出了比常人多几倍的努力，但是她依然活出了最优秀的自己，她具有将劣势转化为优势的本领。她把自己身上被别人看成的不幸，变成自己的幸运，并且乐于享受生活的乐趣，所以她能够在失明50年以后，还能通过手术重见光明。生活是给了她太多的不幸，可是她并没有对自己的命运进行抱怨，相反，她十分愿意享受生活带来的乐趣，所以生活也给了她同样的回报。

北欧有一句话：“冰冷的北极风造就了强盛的维京人。”上天把冰冷的北极风给了维京人，但是聪明的维京人没有因为北极风就丧失了生活的方向，而是更好地将北极风利用起来，所以他们变得十分强盛。

小贴士

当生活出现了困难和挫折，低情商的人只会怨天尤人、自暴自弃，甚至一蹶不振，所以失败总是紧紧地跟着她们；而高情商的人就会思考，怎么把一些不利的条件转化为能自己所利用，所以他们往往能够登上成功的宝座。

如何提高你的情商指数

情商是一种能力，可以感觉、了解和有效应用情绪的力量与智能作为人类的能量、信息和影响的来源。情商一方面能够显示出理性的智能，另一方面来自于心的智慧。通常一个人在婴幼儿时期就形成了情商，然后在儿童和青少年阶段形成，因此情商主要是在人际互动中培养起来的。青春期是一个黄金时期，这是一个人走向成人的过渡时期。处于这个时期的青少年，他们面临着生理和心理上的巨大变化，以及学习上的巨大压力。这些都足以造成青少年心理失衡和复杂的心理矛盾，甚至产生严重的后果。实际上，这些问题与青少年的情商有关，而提升情商最快速、最有效的方法就是心理训练。

情商包括这几个方面的内容：认识自身的情绪，因为只有认识到自己，才能成为自己生活的主宰；妥善管理自己的情绪，就是能够调控自己；自我激励，它能够使人走出生命中的低潮；认知他人的情绪，这是我们与人交往，实现顺利沟通的基础；还包括人际关系的管理。很多时候，情商成为了一种智慧，它包括了对于人生价值和意义的理解，对自我的人生目标的知晓，对人生征途的把握。当然，情商是后天的，是可以训练和培养的，不过，这绝对不是靠读书、考试、学习而得来的，而是通过训练自己而提升的。

我们应该通过以下的训练来提升自己的情商。

1.每天保持好心情

心理专家建议，养成每天照镜子的习惯，可以使你保持一个好心情。古人曰："以铜为镜，可以正衣冠；以史为镜，可以知古今；以人为镜，可以正己身。"在照镜子的同时，可以调整自己的好心情，你可以每天早上对着镜子大声说："我是最棒的，我是最好的，大家都很喜欢我！"

2.学会帮助别人

在生活中，要学会帮助别人。每天帮助一个人，你的快乐就会多一点，这样，你的生活就会少了烦恼，多了快乐。另外，我们还需要记住别人的名字，让他人感觉到你对他的重视程度。

3.敢于承担责任

即使你只是一个女人，也应该学会做一个负责任的人。要敢于承担责任，不要推卸责任，遇到了问题，不要给自己找借口，而是正视问题、分析问题、解决问题，这才是做人之道。

4.学会倾听

沟通的秘诀在于少说多听，而且，倾听是一种很好的美德。在生活中，许多人不是很喜欢听别人说话，老是喜欢自己说，这是一种不好的习惯。我们应该养成倾听的习惯，做到多听、多看、多做。

5.学会赞美

赞美是人际交往的润滑剂，在与他人相处的过程中，我们要学会赞美。所需要记住的是，赞美要真诚，需要发自内心，而不是奉承他人，我们可以经常对他人称赞说："你很优秀。"

6.学会沟通

在日常交际中，我们要善于沟通、交流，而且，在沟通、交流的时候，要以坦诚的心态来对待，开诚布公，如此，才能与他人之间建立融洽的关系。

7.需"二容"

所谓的"二容"，就是包容、宽容，一个人为多大的事情计较，就将证明你的心胸有多大。古人说得好"大肚能容容天下不平之事，笑口常开笑天下可笑之人"，对人、对事应怀着一颗包容、宽容的心。

8.有"三情"

一个人应该有"三情"，即激情、热情、感情，对自己的工作要有激情，对生活要充满热情，而对身边的人或亲朋好友要有感情。

9.做到"三不"

在生活中，我们需要做到"三不"，即不批评、不生气、不抱怨。

遇到令我们生气的人和事，要学会包容，不要批评，也不要生气；遇到烦心的事情，不抱怨，以平和的心态来面对。

通过上述的训练方法，可以有效地提高自己的情商。反观那些低情商的人，他们在生活和工作中，缺乏理性的认识，意志不够坚定，难以控制自己的情感。他们通常喜欢抱怨，容易冲动，常常会陷入一些情绪上的误区，而自己却毫无察觉，是一个典型的悲观主义者。

有人给出了这样一个公式：80%情商+15%智商+5%逆商（逆向思维能力）=成功人士。在一个人成功的所有要素中，智力因素只占了15%，而其他的非智力因素中，情商因素就占了80%。

小贴士

大量事实证明，情商对于一个人的成功有多么重要。科学家认为，情商是一种驾驭自己的能力，包括驾驭自己的情绪、思想和意志，最后，努力去实现自己的愿望。

低情商的十种障碍

低情商的人，通常在生活、工作中，缺乏理性的认识，他们往往意志不够坚定，难以控制自己的情感。他们通常喜欢抱怨，容易冲动，是一个典型的悲观主义者。低情商的人，常常会陷入一些情绪上的误区，而自己却毫无察觉，这在很大程度上会影响他们处世的能力，并且会伤害他们的自尊心，打击他们的自信心，甚至会让他们觉得生活已经丧失了乐趣。

生活中，我们应该及时了解平时生活中最常见的误区，以及情商低的人有哪些表现，并且防患于未然，不要迷失自己。

1.做事全靠心情来决定

情商低的人通常会凭着自己的心情来做事，他们一般控制力比较差。当他们郁闷、烦躁的时候，什么都不想做，宁愿躺在床上看天花板；但是一旦他们的好心情来了，就会非常乐意去做任何事情，甚至使自己筋疲力尽。他们认为，如果自己心情不好，那怎么能做好事情？于是，他们愿意花时间去等待，等自己的心情好了再去做。须知，有些事情是不能等的，如果是碰到工作上的事情，你只会等，那么这件事情早就被别人做了。现实生活中有很多机遇，但是，机遇不会来等你，如果任凭自己的心情好坏来决定事情，那么你就只能一事无成。

情商低的人，通常是由着自己的性子做事情。他们总是企图避开情绪中的消极去解决事情。可是，往往是真正到了事情开始的时候，他们又会有很多忧虑的问题，担心这、担心那，最终时间就在他们的忧虑中慢慢流逝，而到最后，自己什么事情也没有做好。

2.急于成功

情商低的人想问题总是不求实际，他们如果想做一件事，恨不得马上就能看见效果。可是事情往往不是这么简单，聪明的人都知道一件事情的成功往往需要自己付出很多心血和汗水，并且需要自己的奋斗。情商低的人总希望自己能一步登天，不需要多大的努力就能成功。假如偶然一次失败了，他们就觉得自己永远失败了。

他们做任何事情就是三分钟热情，没有耐心。当他决定自己要做一位作家时，刚开始还雄心勃勃，但是坚持了没有多久，见自己的作家梦还没有实现。他们就会放弃，没有耐心继续下去。

3.打击自己的自信

情商低的人，总是喜欢自我贬低。常常会由于一件事情没有做好而愤恨自己，认为自己没有能力。贬低自己的价值，甚至在严重的时候，会否定自己。其实，往往有时候，越是觉得自己无能，你的能力就越发挥不出来。这就是一个不断重复的恶性循环，最终，你的自信将彻底消失。

过分地责备自己与急于成功一样，都会让人比较容易放弃行动。但他们却以为自己放弃了行动就可以避免自己在事情失败后遭遇的那种害怕心情。他们甚至觉得自己如果不去尝试，就不会有失败，心里就会坦然、轻松了。其实，如果你一再地放弃，那么，你已经没有成功的机会了。

4.走出低沉的心情

忧愁和厄运常常伴随低情商的人的生活，所以，当他们开始面对自己的生活的时候，总是充满了消极的情绪。他们一直沉溺在过去的挫折中，不断地想起自己悲惨的过去，悲叹现实的残酷，并且还“未雨绸缪”地预言将来的苦难。他们就像鲁迅笔下的祥林嫂一样，总会对别人提及自己的不幸，并且希望自己能够得到同情和怜悯。而自己却从来不反思自己的不幸到底在哪里。

他们的心情总是阴暗、低沉，没有一丝阳光。无论在哪里，无论干什么，他们总是显得心事重重、闷闷不乐。他们的注意力总是集中在每一次失败、每一点不幸。所以他们即使在平安无事的时候，也习惯于只去体验消极的一面。总是充满着痛苦和愤愤不平，在遇到麻烦时，只会责怪别人。

5.脆弱的自尊

情商低的人习惯于向别人隐藏自己的真实想法，他们脆弱的自尊让他们害怕听到说“不”。他们害怕别人的拒绝。于是，他们在提出自己的要求时，总是顾虑重重。他们很少会对身边的人说关心的话，虽然他们是很关心的。因为自己自尊的关系，在表达自己的脆弱和感情方面总是被动的。

6.掩饰自己的真面目

情商低的人不敢以真面目示人，在他们看来，如果把自己的真面目赤裸裸地展现在别人面前，会遭遇到来自他人的消极议论和评断。他们害怕自己不受人喜欢，于是掩饰，甚至扭曲自己的真面目。他们对一些问题不懂装懂，为了隐瞒自己的真实情况，而费尽心思去编织谎言。

7.以打击别人为乐

情商低的人通常不会对一个人说出赞赏、肯定的话，他们总是企图用轻蔑的眼神、尖酸刻薄的话语来让别人感到内疚。他们会不自觉地打击别人，甚至以此为乐。而当他们自己犯了错误时，则会极力争辩。在他们眼里，只有自己的困难才是重要的。他们想通过打击别人来扼杀别人的积极性，其实，在他们打击别人的同时，自己也被忽视了、冷落了。

8.赞扬中暗含贬低

通常我们对别人的赞美都是极其真诚、纯粹的。赞美他人的时候，我们习惯于隐藏别人的不足，而挖掘他的长处。但是情商低的人则对别人的不足之处紧抓不放，让人很是恼火。在他们对别人的难得一次的表扬中掺进一种暗含的贬低，来扼杀别人的动机。看到别人积极的一面，就会对自己说消极的话，让自己泄气。对别人的行为也经常唠叨、抱怨，而从不会考虑鼓励别人。

9.把成功寄望于运气

情商低的人看见别人成功的时候，总是显得愤愤不平："他就是运气好！"在他们看来，别人的运气总是好的，而自己就是时运不佳，所以成功才不降临。他们总是埋怨命运的不公平，而心里充满对生活的抱怨，而从来不反思自己是否付出过努力。宁愿暗自神伤，也不愿为了成功而坚持努力。于是，失败的剧目总是在他们身上重演。

10.永远的后退者

他们不是没有成功的机会，而是常常害怕暴露自己的不足，给自己泄气，暗中破坏了成功的机会。当失败的时候，却找了很多理由为自己开脱，他们不愿意尝试，也不愿意改进。对于偶尔获得的成功，就会觉得是命运的眷顾，而不是自己努力的结果。在选择生活的时候，他们更多的是选择舒适、没有压力的生活。因为自己不努力，而屡屡失败，就会觉得自己不中用，就不要尝试了，他们总是这么安慰自己。

第02章

情商魅力，成功人士的软实力

一个人可以赢得成功的因素有很多，通常大部分是智商、情商、机遇等。当然，在不同的境遇中，往往这其中某一个因素起到了决定性的作用，从而成功改写一个人的命运。其中，情商，则被称为成功人士的软实力。

情商高的人有“分享”意识

大部分的成功者都是情商高的人，当然，他们比一般的人更懂得分享意识。在他们看来，做事情首先要有“分享”意识，有钱大家赚，利润大家分享，这样才有人愿意合作，生意才能做得足够大。比如，传奇大亨李嘉诚一直坚持有钱大家赚，而且他在利益共享方面非常慷慨，赢得了众多追随者，这使得李嘉诚很有人缘，生意也越做越大、越做越容易。

在香港地区有个不成文的规定，董事长每年会从利润中拿出一定比例来奖励董事会成员，称之为“袍金”。而李嘉诚担任了十余家公司的董事长或董事，所得袍金基本是上千万港元。不过，他将所有的袍金都纳入长江实业的账目中，自己每年只是象征性地拿5000港元。就香港经济而言，5000港元远不及一名清洁工在20世纪80年代初期的年薪。而对于李嘉诚对袍金的做法，成为香港商界的美谈。

假如一单生意只有自己赚，而对方一点不赚，那这样的生意李嘉诚是绝对不会做的。生意人应该利益均沾，这样才能保持长久的合作关系。反之，如果只顾着自己的利益，而无视对方的利益，只做一锤子买卖，那只会把生意做绝了。

不管是做人还是做生意，要舍得让利给对方，尽管目前看来好像是吃了点亏，不过从长远看并非吃亏。因为将利益让给别人，对方不但不会因为争利而与自己敌对，反而会生出很多感激之情，信任自己。毕竟，赢得别人的信任比什么都重要，而赢得同行的信任则更加重要。当你遭遇困难的时候，那些信任你的同行在关键时刻会帮你一把，即便不能帮你，也不会落井下石。

1.不要过于抠门

作为一位理性的人，一定要具备长远的战略眼光，将精力集中在创造财富上，而不是守住财富。假如与合伙人争小利，总是盯住眼前的利益，一方面会由于将精力耗在这种竞争上而没有精力去创造财富，另一方面还会伤了彼此的和气，容易树敌过多。

2.关注对方的利益

不管是做生意还是交际，本质都是合作，所以要时刻注意对方的利益和诉求，让对方拥有足够的回报空间。在任何一个行业中，假如能有两家公司保持比较好的合作关系，那这两家公司都可以达到双赢的局面。

小贴士

人与人之间的关系维持对双方都有利的是双方保持稳定合作的基础。这就需要双方都要为对方着想，多考虑对方的利益。假如只顾自己的利益，而让对方少得到一些利益，这种关系必将走向破裂，受害的也是合作的双方。

情商高的人与孤独为伴

一个人觉得什么最可怕？孤独。孤独的时候能让人窒息，人孤独的时候，常常是最无助的时候。那种感觉就好像这个世界就剩下自己一个人了，自己被所有人抛弃了，内心的空虚感、寂寞感一起袭来，有时甚至丧失了生活的勇气。所以孤独被人们看作是最可怕的敌人，他们害怕自己会孤立无援，害怕只有自己一个人，因此心灵也会变得十分脆弱。其实，孤独并不可怕，可怕的是当你面对孤独时放弃了生活的希望。修炼高情商，就必须学会战胜孤独，当孤独的痛苦笼罩你时，你就应该面对它、看着它，不要产生任何想要逃的想法。因为，如果你选择逃跑了，你就对它永远可能不了解，而它总是悄悄地躲在一边，等着你的是下一次孤独的到来。

其实，孤独是一种常见的心理状态。孤独感是人们在思想、行为上的体现。人们常常说的孤独其实包含了两种情况。一种是由于客观条件的制约所引起的孤独，他们由于种种原因不得不长期远离“人群”，而以一个人或者一群人独立起来。比如，有的远离城市到边疆哨所为人们站岗的士兵们；长期坚持在高山气象观测站工作的科技工作者；长期为了工作而四处航行的海员。这样的孤独是一种有形的孤独，因为他们没有亲人、朋友在身边。而大多人的孤独是第二种，它是无形的孤独。人的孤独更多的来自于内心深处的寂寞，因为感情，或是因为生存境遇的剧变，使得他们内心无法承受。孤独的人因为受内心的折磨，精神也受到长时间的压抑，这不仅会导致自己的心理失去平衡，还会影响自己的智力和才能的发挥，会使人在心理和思想上开始坍塌，产生低沉精神萎靡，并且失去事业的进取心和生活的信心。所以，孤独对于一个人，是非常可怕的。面对孤独，人要学会战胜它，才能在自己的事业上取得成就，才会扬起生活的风帆。

很多有孤独感的人，并不是自己愿意孤身独守，而是他们有的是在人生的路途中遭遇了坎坷，陷入无边的孤独和痛苦中，不可自拔；有的是得不到别人的理解，也不愿意去理解别人，于是选择洁身自好；有的是看不起自己，不相信自己，有一种深深的自卑感。于是，他们在面对孤独的时候，甚至没有抗争，就束手就擒。而有的人是因为内心世界的封闭使他们无法通过感情交流来建立真正的友谊，友谊的缺乏使现代人陷入一种强烈的孤独感。那么，怎么才能有效地战胜孤独呢？

1.战胜自己的自卑心理

人有时候受到了大的磨难，就会觉得自己跟别人不一样，而自己没有勇气跟别人接触，这其实是自卑心理产生的孤独状态。这时候，要突破自己内心的屏障，相信自己，钻出自织的“茧”。这时候，你就会发现，其实跟别人交往是一件很容易的事情。

2.转移自己的注意力

如果觉得自己内心孤独，你可以适当地转移注意力。有计划地生活，把自己的注意力转移到工作、生活上来。在工作中，除了努力工作，还要适时与以前工作的同事交流；在生活中，走出心里的黑暗，开始结交新的朋友，建立新的生活，重新树立起生活的信心。这样，你就会发现，能够与大多数人生活在阳光下是一件很惬意的事情。

3.为别人做点什么

孤独的人都有这样的情况，当你与很多人在一起的时候，你会感到特别孤独，并且比自己独处时更孤独。因为与他人的格格不入，让你陷入孤独的境地。那么，你就应该为别人做点什么，帮助别人，获取别人的好感，为自己争取一份友谊。

4.享受自然，走入社会

一个孤独的人，总是关在自己的小屋里。这样，精神会长时期地受压抑，会使自己的性情越来越孤僻。那么，试着走出家门，出去呼吸一下大自然的新鲜空气，感受一下在街道上拥挤的感觉，这时候，你已经忘记了你的寂寞。你的心情就会渐渐开朗，逐渐从孤独的城堡中脱离出来。

小贴士

有的人这样来描述自己的感受：“在这个世界，我感到孤独、嫉妒、愤怒、紧张。”无论是因为人生境遇，还是因为自己的感情失意，人的孤独在无形中已经成为了他通往正规工作和生活的阻碍。孤独的人要学会在生活中拿出自己的勇气，敢于与孤独抗争，战胜孤独。

逃离沮丧，战胜坏情绪

大多数人都是理想主义者，他们总是幻想着美好的未来、浪漫的爱情、幸福的生活。可是，当现实犹如一盆冷水浇在头上的时候，他们才意识到自己的错误。于是，当面对这些现实问题的时候，总会产生沮丧的心理状态。由于自己对生活的期望太高，但世界是冷冰冰的，社会是残酷现实的，所以便会充满失望、灰心，甚至绝望。沮丧的心理会逐渐影响到我们的生活和工作，它让我们的人生停滞了前进的脚步，对生活失去了信心。所以，我们要克制自己的情绪，远离沮丧。

人们通常在遭遇一点点不顺心的事情就会垂头丧气，失望到底。比如，在上班的时候情绪就不太好，回到家看见乱七八糟的东西，定会觉得事事都不如意；本来自己花了很大工夫做的企划案，却一下子被上司否定了，是不是觉得自己连死的心都有了；心情很靓地去逛街，却从服装店的镜子里，偶然看见自己的大象腿，于是便灰心地空手而归了。其实，这些都是生活中很小的事情，但是却很容易让我们产生沮丧心理。这时候，我们就要学会从沮丧里走出来。

虽然沮丧是人们的正常心理现象。但如果我们长期沉溺于沮丧不能自拔，便会影响我们的身心健康。其实，人们产生沮丧的原因一部分是来自于自己的不自信。当他们自身的能力、魅力遭到否定的时候，就会灰心，甚至一蹶不振。这时候，他们自己也不再相信自己了，自己也把自己否定了。一个沮丧的人，他也陷于痛苦中，也很挣扎，希望得到别人的帮助，于是他们很想求助于别人。可是孤独和害怕被拒绝的心理使他们往往不敢去求人。自卑的态度，让他们自己也无法正视自己的脆弱，只好以假装快乐的方式来掩饰自己。

1.肯定自己

远离沮丧，就要克服自己的自卑，肯定自己，对自己充满信心。很多人通常是不自信的，由于周围对于自身能力的怀疑，还由于他们对自己的怀疑。他们常常觉得自己的能力需要别人来肯定，一旦别人在一件小事上对他否定了，由于自卑心理作祟，他们就会觉得自己完全被否定了，于是开始灰心。为了打败沮丧，人们要重视自己、肯定自己，做一件事情要时刻树立一种强烈的自信感。

每个人都有自己引以为豪的地方，当你被否定的时候，要看到自己的优点，那么你就有机会再起来。适当的时候，给自己信心。当你开始沮丧的时候，对着镜子，告诉自己："你是最棒的"。只要自己肯定了自己，对自己充满了信心，就会从沮丧的旋涡中挣扎出来。

2.保持积极的心态

远离沮丧，要保持积极向上的心态。如果生活的烦恼困扰着你，不要失望，不要灰心，时刻用一颗乐观的心去看问题。你就会发现，事情并没有你想象的那么糟糕。"面包会有的，牛奶也会有的。"如果你这么安慰自己，就会发觉自己所遭受的没什么大不了。

想一想那些在病床上与病魔抗争的人，想一想那些在地震中失去双腿的孩子，想一想那些流浪在街边无家可归的人。你会觉得，你是一个比较幸运的人。至少，你有温暖的家、爱你的人、健康的身体，你又何必整天为这些小事想不开呢？沮丧让你失去对生活的信心，但是，积极乐观的心态会让你重拾信心，并且会让你拥有美好的人生。

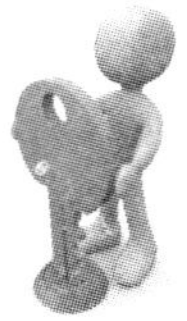

3.远离沮丧

高情商的人之所以能够成功，就在于他们能够克服自己沮丧的情绪。他们通常能够以开放的心理去接受各种情绪的影响，所以情绪的承受能力很强。他们对自己充满了自信，能时刻保持积极向上的生活态度。

小贴士

当遭遇沮丧的时候，应通过适当的途径克服沮丧情绪所带来的困扰，并且能及时地回到正常的工作和生活中。如果你是一个沉浸于沮丧而不可自拔的低情商的人，你最终会一败涂地。一个人，要对生活充满信心和希望，保持乐观、积极向上的精神，才有勇气和耐心去克服生活中一个又一个的艰难险阻。

别在情绪上被他人左右

成功者总是能够以乐观的心态来面对生活，来迎接人生中的每一个挑战。他们时刻对自己充满了自信，对生活充满了信心和希望。对于在生活和工作中产生的坏情绪，他们能够放开心理去接受各种情绪的影响，所以他们绝不会让自己陷入孤独的痛楚中。他们是骄傲的，就算在爱情的世界里，他们依然是独立的自我，不会让别人来左右他们的情绪。在遭遇挫折，也能及时地从沮丧中挣脱出来，怀着一份愉悦的心情，开始新的人生旅程。

一个人或许很容易成为爱情的俘虏，当他（她）爱上一个人，就会晕头转向，找不到自己。在爱情的世界里，他（她）会以对方的喜为喜、忧为忧，完全失去对自己情绪的控制，他（她）甚至成为了爱情的奴隶。爱情虽然是美好的，但是为了心爱的他（她），却忘记了自己也是一个独立存在的人，这就是一件非常糟糕的事情。人在坠入爱河之前，是很骄傲的，可是当他（她）一踏入那条河流，之前的那个自我在爱情的光环下已经慢慢消失不见了，他（她）就完全成为了一个为爱而活的人。而情商高的人就不一样了，他们显得很独立，虽然他（她）也很爱对方，但是不会因为爱他（她）就放弃了自我，情商高的人是绝对不会在情绪上被他人所左右和控制的。

在人们所受的教育里，爱情是很神圣的，值得为它付出所有，所以女人总是把爱情放在首要的位置，认为爱情就是她生命的全部。而男人所受的教育往往是以事业为重，他们“更爱江山而不爱美人”，男人在感情上往往很理智，他们是自卫型的，他们常常可以毫不察觉地掩饰自己的恐慌和焦虑，而表面总是显得满不在乎。女人喜欢沉浸在爱情里面，她们喜欢那种刺激、疯狂，而又神经绷紧的感觉，爱情会让她们销魂失魄，而且很容易匆忙陷入动情的处境。而男人在这方面就很克制自己，他们没有表现的那么疯狂。

所以，女人在爱情里容易失去自己，这不是可怕的事情。可怕的是你根本没有意识到你失去了自己，而当你的爱情城堡突然倒塌时，你才发现原来的你已经不存在了，你甚至不知道该如何面对这一突如其来的情况。那时，你可能会经历比死亡更惨烈的痛苦，因为你感觉自己的自尊心被伤害，你的自信心被打击。由于男人是被赋予某种权利的关系，女人会觉得自己的价值就是在爱情里被肯定，当我们的爱人有一天弃我们而去，我们就觉得自己的价值被否定了，那种生不如死的感觉几乎让女人崩溃。

很多女人的生活离不开男人，她们会认为跟男人一起看电影、听音乐会、共进晚餐，那才叫约会。如果只有自己一个人，身边没有男人的陪同，就会觉得烦躁不安，觉得人生毫无乐趣可言。好像一旦男人离开了，她自己也失去了。其实，这在一定程度上，你的喜怒哀乐已经受男人控制。陷入爱情的女人，会不知不觉地把决定自我感觉的权力交给男人。女人为什么因爱情而痛苦？就是因为她们臣服于男人并且需要男人来决定自身的价值。在男女相恋的过程中，她们丧失了自己内在的力量，当男人离去后，她们就把暂时丧失的力量与长久的无力感混合在一起。

1.分散时间和精力

情商高的女人总是把自己内在的力量，分散到很多方面，如亲情、友情、工作。她们不可能与其中的某一项联系过于紧密。通常，让她们感到满足和兴奋的东西很多，所以除了爱情外，她们有更广阔的选择空间。而很多情商比较低的女人，则习惯在爱情里寻找兴奋和满足，所以当她没有了爱情，就很难找到替代物。女人要在情绪上不被男人所左右，就应该明白，除了爱情外，人生中还有很多东西值得我们去了解的。在爱他的同时，更要学会爱自己。

2.做自己喜欢的事

有自己的一份追求，你必须有一件事情是自己喜欢去做的，这样，当你的爱情走了之后，你就可以把注意力转移到你的那份喜好上面。也许，它并不如爱情带给你的兴奋和满足丰富。因为这世界上没有任何一件事能比爱情更让人感到奇妙和激动了。但是，做自己喜欢的事情，也是一种快乐，也是一种精神上的幸福。它能让你从空虚中解脱出来，让你从爱情的悲痛中释放出来，让你感受到人生的另一种美好。

小贴士

一个女人的一生中，爱情固然显得很重要，但是为了爱情连自己也失去了，就有点得不偿失了。聪明的女人明白，一个男人可能离她而去，不是因为自己的价值被否定了，所以，并不能真正把自己带走。情商高的女人，学会为自己而活，她们会有自己的生活圈子，有自己的朋友，可以自己打发时间，而绝不会让男人去控制她们的情绪，不会让男人来决定自己的喜怒哀乐。

情商高懂得快速切换情绪

情商高手，往往可以快速切换自己的情绪。心情的好坏直接影响一个人的意志和行为，有的人是全凭心情来做事。心情好的时候，就愿意去做任何事情；心情不好的时候，宁愿自己一动也不动，嘴里说着："没有心情。"但在生活中，常常是好心情容易被人们忽视，而坏心情却占主导地位，来支配我们的行为，于是，我们干什么事情都提不起精神来。一个人如果心情很好，就会十分轻松，连走路都像跳舞似的；如果遇到心情不好的时候，连脚步都是沉重的，看什么，什么就不顺眼。

一个人的心情是由你自己来决定的，心情的好坏全由你自己来把握。有的时候，你不能改变事情的结果，不能左右天气的阴晴，不能改变人生的苦难，但是，你可以改变你自己的心情。换一种快乐的心情，你看事情的角度就大不一样。你会觉得事情的结果远没有你预想中的那么糟糕；你也会发现外面虽然是沉闷的天气，但是你依然可以愉快地接受；你会发现原来苦难是人生中必不可少的一笔财富。接受一切你自己可以接受的，改变你能改变的。学会换一种心情，其实就是换一种生活。

1.换一种对事物的看法

天气没有变，但是心里的天气变了。其实，你对任何事物的看法，取决于你的心情。所以，当自己心情糟糕的时候，给自己换一种心情，会让你有全新的发现。当我们的心情表现出消极的时候，你就无法用理智的眼光来看待问题，你的思路已经被消极给封闭了，你会主观地用消极的态度看问题。消极情绪让你觉得事情已经没有了挽回的余地，于是，你变得更加消沉，黑色就是你的心情。如果你换一种愉悦的心情，那么事情在看起来正确的思路中得到了清楚的认定，你会觉得事情还是有挽救的余地，并且开始寻找解决问题的办法。换一种愉悦的心情，其实就是换一种积极向上的生活。

2.改变自己

换一种心情，换一种生活。学会给自己换个快乐的心情，那样你的生活也会发生翻天覆地的变化。如果你心情比较差，整天皱着眉头，一副十分忧虑的样子。没有心情装扮自己，任凭自己邋遢、潦倒地生活，甚至连说句话都是带着闷气的，是没有谁愿意来接近你的。你的生活也变得越来越没意思，你就开始“破罐子破摔”。如果你换一种心情，你就会发现原来生活这么美好。每天心情很靓地把自己打扮得漂漂亮亮，一见面就给别人一个微笑，说话也是神采飞扬的，那么你就会发现你是个人见人爱的人。换一种心情，就会给自己带来丰富多彩的生活。

3.选择快乐

换一种心情，换一种生活。如果身边有人不小心惹你生气了，你的心情变得愤怒。如果你在这时给自己换一种快乐的心情，不要因为别人的错误来惩罚自己。怀着一颗宽容的心，谅解对方，你就会发现理解别人是一件多么让人快乐的事情。而他也会因为你的宽容，对你感激，心情也变得快乐起来。毕竟，如果你能让别人感到快乐，那对任何人来说都是一件很自豪的事情。

小贴士

我们要学会为自己换一种心情，一种愉悦的、舒畅的、轻松的心情。因为一个人的心情好了，可以让他看起来年轻好几岁。而经常有一个坏心情的人，通常是比较显老的。心情愉悦了，才会绽放出美丽的笑容；心情快乐了，才会让你感受到生活的美好。当你换了一种好心情，你对生活的态度也会改变，你会保持乐观、积极向上的生活态度，去迎接人生的每一个挑战。

高情商的人心态好

一个人如果能长久地保持乐观的心态去面对每一天的生活，那么他无疑是值得敬佩的。我们在人生的旅途中不会一帆风顺，总会遇到这样或那样的挫折和坎坷，这种时候，就要我们选择用怎样的心态去面对。如果你是一个典型的悲观主义者，遇到困难，只会哀声叹气、怨天尤人，甚至选择去逃避它，那么你的人生剩下的就只是困难；如果你能以乐观的心态去面对生活中的每一次挑战，你就会积极奋发，致力于寻求解决问题的方法，最终你的人生路上会芳香四溢，开满成功之花。

一个人保持乐观的心态，会让他在生活中获得幸福，在工作中获得成功。因为他总是能从生活的细微处观察，总能把自己的思想引入一个积极的状态。每天用微笑面对生活，用乐观拥抱挫折，是他们的处世之道。一个家庭生活幸福的人，他一定是一个乐观的人，他在面对家里的烦琐小事的时候，总是一笑了之，把家里整理得井井有条。而一个悲观的人，总是对生活充满了抱怨，于是家里总是硝烟四起，这样的生活能叫幸福吗？在工作中，保持乐观的心情，当你的一个企划案被上司否决了，不要沮丧，不要去生气而要思考自己到底在哪里出了问题，找到问题的症结所在，为你的下一次成功做准备。面对同事在你背后悄悄议论，不要起疑心，也许他们只是在赞美你今天优雅的打扮。幸福和成功总是眷顾于那些总保持乐观心态的人，因为坦然地面对生活，生活也会给你最大的回报。

学会用乐观的心态来面对生活，人都是需要保养的，而乐观的心态就是最佳的保养品。很多人用金钱来保养自己，或是买昂贵的化妆品，或是进美容院，可是，最后还是没有留住时光的痕迹。人的年轻不是由表及里的，而是由内而外的。如果你总保持乐观的心态，心里没有抱怨、没有忧虑，那么自然你就会赢得岁月，你就是年轻人。乐观就像是一剂神奇的药，它能使一个人躲过岁月的蹉跎，而保留年轻的容颜。

总能保持乐观的人让人敬佩，因为他们从来没有在生活面前倒下过。面对人生的磨难，他们总是怀着一颗平和的心，乐观地看待，他们明白，这些磨难终究会过去的，它们会成为生命中一笔不可多得的财富。人生的道路不是平坦的，它或许充满了荆棘，或许充满了坎坷。但是保持乐观的人，总是能心情愉悦地踏着稳健的步伐，一直向前走去。在他们看来，前面就是成功，前面就是幸福。一个保持乐观的人，无论是岁月，还是挫折，或是苦难，都击不垮他们，打不倒他们。乐观的魔力在于，它总是能激励人不断地前进，它总是能够一次又一次地战胜生活的困难。

塞·约翰逊说："最明亮的欢乐火焰大概是由意外的火花点燃的。人生道路上不时散发出芳香的花朵，也是由偶然落下的种子自然生长出来的。"但凡一个成功的人，他都是一个乐观的人。因为只有经历了汗水和心血浇灌的果实，才能开出成功之花。他们总是能够在人生路途中披荆斩棘，奋勇向前。

小贴士

总保持乐观的人令人钦佩，因为悲观在寻常的日子里随处可见。而总是保持乐观，就需要坚持和智慧。悲观使人生的路越走越窄，乐观使人生的路越走越宽。人要学会用乐观的心态来面对生活，这样你的生活才会处处充满阳光。

第03章

自我意识，知人不妨先自知

高情商的人有非常强烈的自我意识，由于内心比较细腻，很了解自己所擅长的和不擅长的，在了解别人之前不妨先了解自己。当然，他们更明白哪些可以促使自己获得成功，也更容易了解自己的长处，然后充分利用它们，从而扬长避短。

客观评价真实的自我

情商高的人对自己总有一个客观的评价，了解自己的优点和缺点。但在现实生活中，许多人对自己都没有一个很好的认识。早在两千多年以前，古希腊人把“认识你自己”刻在了阿波罗神庙的门柱上，但是，直到今天，我们也只能遗憾地说，“认识你自己”仍还有一段遥远的距离，究其原因，来源于我们并不了解最真实的自己。

我们之所以无法了解到真实的自我，大部分原因在于我们容易受外界信息的影响，比如，他人的言行等，在那些信息的暗示下，我们就有可能出现了自我知觉的偏差，好似看着杰克浑身很脏，就以为自己身上也很脏。因此，要想真正地看清自己，我们需要避免陷入别人眼光的谜团中，让自己成为自己的镜子。

当一个人的情绪处于低落、失意的时候，便对生活失去了控制感，于是，他内心的安全感也受到了影响。这样一个缺乏安全感的人，其心理的依赖性将大大增强，比较容易受他人言行的暗示。所以，当对方说出无关痛痒的一段话时，我们很容易“对号入座”，其实，这就是一种心理倾向。在日常生活中，这将影响到我们对自己难以做出真实的判断。

小贴士

我们应该学会面对自己，不要因为自己有“缺陷”或者自己认为那是缺陷，就通过自己的方法将缺陷掩盖起来，而这样的掩盖方式极其愚蠢。试想，当你把自己的眼睛蒙上时，你就真的掩盖了自己的缺陷吗？因此，无论是自身的缺陷还是优点，我们都应该正确看待，因为面对自己是认识自己的必经之路。

如何有效地判断自己的一切

通常，情商高的人总是可以有效判断自己的一切。一个人名声的好坏、能力的高低，是别人从事物的外表下的定义，根本就不是这个人的本质，自己真正的能力，只有自己心里最清楚。而我们所缺乏的就是自我认知的能力。只有清楚地认知了自己，才有可能获得成功的人生。然而，一个人最难认知的就是自己的内心，最难以回答的就是：我是谁？我想要的生活是什么？不过，当你清楚地认知了自己，就能够在这个世界上找到最基本的出发点，就能够去善待他人。

朗费罗说：“别人借我们的过去所做的事来判断我们，然而，我们判断自己，却是凭将来能做些什么事。”心理学教授丹尼尔·吉尔伯特曾见过这样一个姑娘：衣衫不整、蒙头垢面，但长得很美。吉尔伯特教授跟她聊天，她也心不在焉，教授沉默了一会儿，突然问她：“孩子，你难道不知道你是个非常漂亮、非常好的姑娘吗？”“您说什么？”姑娘惊喜地问，美丽的大眼睛里泛着泪光。

原来，在日常生活中，她所面对的是同学的嘲笑、母亲的谩骂，以至于她失去了自我认知的能力。子曰：“不患人之不知己，而患人之不己知。”对每一个人来说，最担心的事情就是不够了解自己，不能清楚地认知自己。因此，我们要善于剖析内心，让自己拥有自我认知的能力。

我们需要拥有全面认识自己的能力，全面认识既包括优点也包括缺点。一旦我们没有真正地认识自我，将导致自负或自卑等心理，最终这些负面的心理会影响我们一生的发展。

认知自我是一种胜不骄败不馁的从容，需要冷静地思考，这样才有机会赢得最后的成功；认知自我是一种高度自立的洒脱的生活方式，看清生命的本真，创造出属于自己的人生价值；认知自我是一种高度责任心的反省，将勇气与真诚注入自己的言行中，认清前进的方向。所以，剖析内心，在忙碌之后不忘与自己做一次深入的交谈，从而拥有自我认知的能力。通过认知自己到发展自己，这是一个美好的人生历程。

小贴士

自我认知是一种严谨的人生态度，自信而不自满，无论是春风得意还是失败困惑，高情商的人依然保持最平常的心态。拿破仑一生战功赫赫，但在晚年却遭遇了“滑铁卢”的惨败，此时他依然贪恋富贵，企图复辟王朝，最终在绝望中死去。清楚地认知自己，需要我们摆脱一切外物的依赖，绝不做金钱或权力的奴隶。

善于自我约束，克制弱点

一个人，不管他有多么伟大或是多么顽固，都会存在着这样或那样的弱点，有着自己的软肋。一旦这样的弱点被他人击破，那我们自身将难以成功。而高情商的人之所以更容易获得成功，就在于他不仅很好地了解自己，还善于自我约束，懂得克制自己的弱点。

在成长的过程中，不断检查自己、反省自己、管理自己，就会减少自己身上的弱点。在未来的行程之中，我们就会少一些心灵上的纷扰，多一些自在。

而现代社会，这本来就是一个到处充满着诱惑、陷阱的社会，诸如金钱的诱惑、美色的诱惑、名利的诱惑、地位的诱惑、情感的诱惑，等等，在人性弱点的延伸下，我们往往会迷失自己。每个人都有弱点，欲望越多的人弱点也就越多，陷入深渊的可能性也就越大。

一个人要想征服世界，首先要战胜自己。在日常生活中，我们很容易就会陷入自我的泥潭而无法自拔，沾染上一些坏习惯，整个人变得颓废不堪。学坏总是那么容易，而要想学好却是难上加难，为了避免自己一不小心走“下坡路”，我们应该时刻警惕自己的行为，努力走向上坡，然后欣赏别样的风景。

1.最大的敌人往往是自己

在人生的道路上，我们会面对各种不同的挑战，但是，我们最大的敌人并不是别人，而是自己，我们要勇于挑战自我。一旦发现自己的某些弱点比较突出，有可能对自己的人生造成破坏影响的时候，一定要紧急刹车，抵制人性弱点，这样我们才能重新上路，走向成功。

2.克制弱点，可以有效管理自己

抵制人性的弱点，可以有效地管理好自己，而这当然需要极强的自制力。也就是用毅力控制爱好。比如，列宁就是一个自制能力极强的人，他在自学大学课程的时候，为自己安排了严格的作息时间：每天早餐后自学各门功课；午餐后学习马克思主义理论；晚餐后适当休息一下再读书。本来列宁是很喜欢下棋的，一下起来就痴迷了。后来他感到这太费时间了，毅然戒了棋。当然，这只是一件生活中的小事，但凡都是从小事开始，如果我们有毅力去改变自己生活中的一些小事，又何愁担心不能抵制人性的弱点呢?

小贴士

在情商高的人看来，贪图享乐是厄运的源头，克制好自己的欲望，做好自己的事情，才能平平安安地度过自己的人生之旅。随时警惕自己的行为，不要让自己踏上贪图享乐之路，无论是欲成大事者，还是一个普通的人，我们都应该学会自制。

唤醒自我，激发内在潜能

情商高的人清楚地了解自己的优点和缺点，更懂得唤醒自我，激发内在潜能。生物学家曾做过了这样一个有趣的实验：他曾经将跳蚤随意地向上一抛，它能从地面上跳起一米多高，但是，如果在一米高的地方再放个盖子，这时，跳蚤跳起来撞到了盖子，而且一再地撞到盖子。这样过了一段时间，生物学家拿掉了盖子，发现跳蚤虽然还在继续跳，但它已经不能跳到一米以上了，直至跳蚤结束了生命。这是为什么呢？其实，理由很简单，因为跳蚤调节了自己跳的高度，而且，逐渐适应了这种情况，不再改变。这个现象就是心理学上著名的跳蚤效应，不仅跳蚤如此，人也一样，有什么样的目标就有什么样的人生。许多人不敢去追求梦想，不是梦想太远，而是因为他们心里已经默认了一个“高度”，而这个高度常常使他们受限，所以，他们看不到未来确切的努力方向。

有这样一个故事：有人问三个泥水匠：“你们在干什么？”甲说：“砌墙。”乙说：“挣钱。”丙说：“造世界上最有特色的建筑。”后来，前两位泥水匠一生碌碌无为，只有第三位泥水匠成为了知名的建筑师，因为只有他清楚自己砌每块砖这样的小目标与未来建一座宏伟建筑之间的关系。在我们身边，有许多人都明白自己在人生中应该做些什么，但就是迟迟不肯拿出行动来，根本原因就在于他们欠缺了未来清晰的目标，而有什么样的目标，就有什么样的人生。

克莱斯勒在年轻时曾做了一件疯狂的事情，他从银行里取出了所有的存款，到纽约参观汽车展，回来时还买了一辆新车，更糟糕的是，他回到家便把车停到车库中，并将每个零件都拆卸下来，研究完之后，又把车子组装起来。大家都认为他疯了，但是，最后他成为了闻名世界的“汽车大亨”，这就是潜能的魔力。

我们应该永远记住一句话：你比自己想象中更优秀。因为我们每个人所拥有的潜能都是无穷的，我们所展现出来的只是九牛一毛，还有更多的等待我们去挖掘。相信自己，多给自己一份肯定，自己永远比想象中优秀一点，这样，你才会成功地挖掘出自己的潜在价值，从而使自己变得更优秀。

1.有志者事竟成

古人曰：“非志无以成学。”立志就是激励自己走向一条进取的、迎难而上的、智慧的人生之路。人一旦有了志向，就会对自己严格要求，就会克服前进路上的任何困难，那隐藏在其身上的潜能才能被激发出来。

2.保持身心健康

其实，身心健康是开发潜能的基础。健康的身体、充沛的精力、愉快的心情可使人的智力更好地发挥作用；反之，人的智力就会受到压抑。当然，我们可以通过从饮食、睡眠、锻炼三方面来提高身体健康水平；通过改善自己的性格，建立和谐的人际关系来提高心理健康水平。

3.培养良好的心理素质

心理素质包括道德品质、意志品质、自信心、责任心等。纵观那些卓有成就的科学家，他们不但智力水平高，而且在青少年时期就表现得非常坚强，极具独立性，这些人充满信心，并有百折不挠的精神。

4.坚持学习

有人曾说：“未来的文盲不是不识字的人，而是没有学会学习的人。”坚持学习可以使人更加有效地发挥出自己的学习潜能，学习不仅是大脑学习、身心学习，还包括科学学习、创新学习等。

小贴士

在情商高的人看来，自己远比想象的更优秀。在现实生活中，也许我们会遭遇许多困难，导致一些问题没有能够得到解决。其实，问题本身没有太大的难度，而是我们把问题想得太复杂了，以至于我们不敢去面对它。如果仅仅是因为低估了自己的能力而失败，那自然是得不偿失的。

做自己的决定，让别人去说吧

在生活中，许多没有决断力的低情商者总会轻易地受到其他人的干扰，从而不能顺畅地走自己的路、做自己的事情。小时候，每个人都有宏大的理想：想做伟人，成为世界首富，策划许多有创意的事情……总之，希望自己拥有精彩的人生，成为最杰出的人。而高情商的人总是这样奉行：做自己的决定，让别人去说吧。

但是后来呢？当你年龄增长到可以去实现自己的理想时，四面八方的压力一涌而至。你耳边不断萦绕着别人的议论："别做白日梦了"，"你的想法不切实际、愚蠢、幼稚可笑"，"必须有天大的运气或贵人相助"或"你太老""你太年轻"。不可否认对方的建议会有合理的成分，但自己的人生之路还是要自己去走，不能仰仗他人的帮助。建立起自己足够强大的自信，我们才可以将"拒绝"轻松说出口。

你是要成功还是要听别人的话？如果有人说，你无法实现你的梦想，你就做一个"聋子"吧！之所以要走自己的路，完全是因为我们每个人都是独特的——永远不要忘记这一点！尽管每一枚雪花都是六角形的，却没有完全相同的两片雪花；我们人也一样，尽管人海茫茫，但谁也找不到两个外貌、个性和特长完全一样的人。

有人觉得自己的岗位很普通，感叹自己的工作谁都可以做，时常高兴不起来。同样的工作许多人都能做，但不是谁都可以做；即使自己的工作别人也能做，但未必做的都一样，自己多少还是有独特的地方的吧？

1.善于找寻自己的优点

如果将自己在某方面无人能比、不可替代作为自己快乐的前提，简直是对自己的折磨，而且几乎没人能够做得到！举几个例子来说明吧。就像千年一帝秦始皇，扫荡六国，统一中国，其功勋恐怕是很少有人可以与之匹敌的吧？但他死后不几年，经过小乱之后而有汉，历史不是又前进了一大步吗？

2.你很独特

俗话说，人比人，气死人。其实，每个人都是独特的自己，没有必要和别人比较。即使我们某一方面比别人差，也要学会从别的方面找到平衡。也许在另一方面，我们比别人还要优秀。

小贴士

尽管我们不少人大抵相同，但每个人都是很独特的，无论在哪里，都是一道亮丽的风景线。所以，一个高情商的人，不能等到优秀的别人都得仰视自己、别人都无法代替自己的时候，才能感到快乐。做有决断力的自己，远离一切干扰，自己做决定。

扬长补短，做自己擅长的事情

很多人之所以无法取得成功，最重要的一个原因，就是不知道自己最擅长的是什么。不了解自己的长处，又怎么能够取得成功呢？事实上，社会分工日益细化，而对人才的标准则是越来越专业化。有可能只是一个看似微不足道的行业，也大有一番学问，远不是那种懂点就能驾驭的职业了。所以，当面对众多职业取舍的前提，那必须是舍弃“百招全”，而选择“一招鲜”，只要你精通一门技艺，一定会吃遍天。

莎士比亚曾说：“对自己要真实，如此，你就可以永远呈现出最美的面孔。”这就是说，你只有做自己感兴趣的工作，才能够有所进步，并达到事业的巅峰。否则，将如逆水行舟，不进则退，最终难成辉煌。我们从一些高情商的成功人士身上细细观察，就会发现他们的事业和自己的兴趣总是紧紧联系在一起。正是因为这一点，他们总能对工作怀着无限的热情和喜爱，并全力以赴地为之奋斗和付出。郎费罗说：“成功的奥秘没有别的，只不过是从事自己所爱的工作罢了。不论做什么，都要从自己的兴趣入手，才会让自己做得出类拔萃。”

三百六十行，行行出状元。但其“状元之才”之所以能够浮出水面，为世人称颂，就是因为他们发挥了自己的特长。每个人都有自己的长处。如果我们能够静下心来，认真寻找，就一定能找到。自己的长处是帮助自己实现成功的最好工具。如果一个人对自己的长处了解不够，他就休想有所建树。反之，如果找到自己的长处，就会挖掘出自己无限的潜能，更容易取得成功。

军和东是一对形影不离的好朋友，军动手能力强，而东脑袋灵光。军平时很喜欢动手做事情，也非常擅长技术这一块领域，喜欢钻研机械，喜欢修各种机器，不管是什么机械类的东西到他手里都能修理得完好如初，他简直是天生的机械师；而东则不喜欢动手，什么也不喜欢干，也不愿意干活，他擅长读书，而且记忆力超群。在高中毕业之后，东已经阅读了数百本专业书籍。尽管两个人兴趣不同，但这并不妨碍他们成为好朋友，每当军在修理一些小东西的时候，东则会在旁边读喜欢的书籍。

两个人擅长的东西不一样，但对彼此都很敬佩。大学毕业后，军发挥手巧的特长，后来成为一家公司的技术总监；东发挥心灵的特长，后来成为投资大师。

如果东选择了做技术，而军表示出想学做投资，那么结果他们可能都不会太成功。每个人都各有所长，但成功的关键并不在于你有多少特长，而在于你能不能把你最擅长的技艺发挥到最高的水平。这就是“一招鲜，吃遍天”所直接体现出来的现象，职业也是一样的道理，事业的成功不在于你有多少种熟知的技艺，而在于你能不能把你最精通的技艺发挥到极致，这样你才能取得最后的成功。如果你仅仅是每一样技艺沾点边，那无疑很难取得成功，而且一路上你也会走得异常艰难。

1.成功者在于发挥自己的长处

成功者之所以成功，就在于发挥了自己的长处；失败者为什么失败，只因为他们可能一生都在从事自己不擅长的事务，以致天赋全被埋没。人的兴趣、才能、素质也是不同的。如果你不了解这一点，没有把自己的长处利用起来，你所从事的行业需要的素质和才能正是你所缺乏的，那么，你将会自我埋没。反之，如果你有自知之明，善于设计自己，从事你最擅长的工作，你就会获得成功。

2.只做擅长的事情

一个人做自己擅长的事，是获取成功的一件法宝。每个人在年轻的时候都会立大志，但不是每个人都能当科学家、发明家。培养一技之长，一步一步去累积自己的个人资源，才是成大事的必由之路。许多成就卓越的人士，他们的成功首先得益于他们充分了解自己的长处，根据自己的特长来进行定位或重新定位，最终找准了真正属于自己的行业。

小贴士

在三国演义里，吕布使的是方天画戟，关羽使的是青龙偃月刀，张飞使的是丈八蛇矛，赵云使的是一支长枪，典韦使的是两把短戟。因为他们都有自己的独门兵器，有着自身的一身功夫。一个高情商的人已经具备一定的天赋，朝着自己既定的方向努力，具有非凡的投入，那他就一定会是成大事者，获得物质和精神上的双丰收。

自我情商指数测试

如果你很想知道自己到底是属于哪种情绪类型，就先做一做下面的测试题吧。（注：每道题都有3个选项，所选择的答案分数在小括号里）

1.假如让你选择，你更喜欢：

A.与许多人一起工作，并进行亲密接触（3）

B.和一些人一起工作（2）

C.独自工作（1）

2.当为解闷儿而读书时，你会喜欢：

A.史书、秘闻、传记类（1）

B.历史小说、“社会问题”小说（2）

C.科幻小说、荒诞小说（3）

3.对恐怖电影反映如何？

A.不能忍受（1） B.害怕（3） C.很喜欢（2）

4.以下哪种情况与你相符？

A.很少关心他人的事（1）

B.关心熟人的生活（2）

C.爱听新闻，关心别人的生活细节（3）

5.到外地时，你会：

A.为亲戚们的平安感到高兴（1）

B.陶醉于自然风光（3）

C.希望去更多的地方（2）

6.你看电视剧时会哭或感动得哭吗？

A.经常（3） B.有时（2） C.从不（1）

7.路上遇见朋友时，通常是：

A.点头问好（1）

B.微笑、握手和问候（2）

C.拥抱他们（3）

8.假如在飞机上有个烦人的陌生人要你听他讲自己的经历，你会怎样：

A.显示你颇有同感（2）

B.真的很感兴趣（3）

C.打断他，做自己的事（1）

9.你想过给报纸的问题专栏写稿吗？

A.绝对没想过（1） B.有可能想过（2） C.想过（3）

10.当别人问你的个人隐私时，你会怎样？

A.感到不快活和气愤，拒绝回答（3）

B.平静地说出你认为合适的话（1）

C.虽然不快，但还是回答（2）

11.在咖啡店要了杯咖啡，这时发现邻座有一位姑娘在哭泣，你会怎样？

A.想说些安慰话，但却羞于启口（2）

B.问她是否需要帮助（3）

C.换个座位远离她（1）

12.在朋友家聚餐之后，朋友和其爱人吵了起来，你会怎么做？

A.觉得不快，但无能为力（2）

B.马上离开（1）

C.尽力为他们排解（3）

13.送礼物给朋友

A.仅仅在新年和生日（1）

B.全凭兴趣（3）

C.在觉得有愧或忽视他们的时候（2）

14.刚认识的一个人对你说了些恭维话，你会怎么样？

A.感到窘迫（2）

B.谨慎地观察对方（1）

C.非常喜欢听，并开始喜欢对方（3）

15.假如你因家事不快，上班时你会：

A.继续不快，并显露出来（3）

B.工作起来，把烦恼丢在一边（1）

C.尽量理智，但仍因压不住而发脾气（2）

16.生活中的一个重要关系破裂了，你会：

A.感到伤心，但尽可能正常生活（2）

B.至少在短暂时间内感到痛心（3）

C.无可奈何地摆脱忧伤之情（1）

17.一只迷路的小狗闯进你家，你会：

A.收养并照顾它（3）

B.扔出去（1）

C.想给它找个主人，找不到就让它安乐死（2）

18.对于信件或纪念品，你会：

A.刚收到时便无情地扔掉（1）

B.保存多年（3）

C.两年清理一次（2）

19.你会因内疚或痛苦而后悔吗？

A.是的，一直很久（3）

B.偶尔后悔（2）

C.从不后悔（1）

20.与一个很羞怯或紧张的人说话时，你会：

A.因此感到不安（2）

B.觉得逗他讲话很有趣（3）

C.有点生气（1）

21.你喜欢什么样的孩子？

A.很小的时候，而且有点可怜巴巴（3）

B.长大了的时候（1）

C.能同你谈话的时候，并且形成了自己的个性（2）

22.爱人抱怨你花在工作上的时间太多了，你会怎样？

A.解释说这是为了两人的共同利益，然后仍像以前那样（1）

B.试图把时间更多地花在家庭上（3）

C.对两方面的要求感到矛盾，并试图使两方面都令人满意（2）

23.在一场非常精彩的演出结束后，你会：

A.用力鼓掌（3）

B.勉强鼓掌（1）

C.加入鼓掌，但觉得很不自在（2）

24.当拿到母校出的一份刊物时，你会：

A.通读一遍再扔掉（2）

B.仔细阅读，并保存起来（3）

C.不看就扔进垃圾桶（1）

25.看到路对面有一个以前的朋友时，你会：

A.走开（1）

B.走过去问好（3）

C.招手，如对方没反应便走开（2）

26.知道一位朋友误解了你的行为，并且正在生你的气，你会怎样？

A.尽快联系，做出解释（3）

B.等朋友自己清醒过来（1）

C.等待一个好时机再联系，但对误解的事不做解释（2）

27.你怎样对待不喜欢的礼物？

A.立即扔掉（1）

B.热情地保存起来（3）

C.藏起来，仅在赠者来访时才摆出来（2）

28.对示威游行、爱国主义行动、宗教仪式的态度如何？

A.冷淡（1）

B.感动得流泪（3）

C.使你窘迫（2）

29.你有没有毫无理由地感到过害怕？

A.经常（3）　B.偶尔（2）　C.从不（1）

30.你属于下面哪种情形？

A.十分留心自己的感情（2）

B.总是凭感情办事（3）

C.感情没什么要紧，结局才最重要（1）

结果分析：

30~50分：你的情绪类型是理智型，你有较强的自制力，缺点是对别人的情绪缺少反应，建议放松一下自己；

51~69分：你的情绪类型是情绪型，有时会感情用事，有时又十分理性，一般很少与人争吵，爱惜生活，生活得愉快、舒心；

70~90分：你的情绪类型是冲动型，很重感情，会意气用事，建议你以后遇事镇定一些。

第04章

自我管理，自控力成就人生

高情商的人懂得合理地控制自己，他们从来不会被欲望和冲动所俘虏。当然，他们也不会被他人的要求所束缚。在追逐成功的路途中，高情商的人总是有效地进行自我管理，清醒地判断自己的需求和想法。

高情商的人更懂得克制欲望

如果欲望能生产什么，那么其产品是现实。如果欲望是能生产的，那么只有在现实世界才能生产，并且只能生产现实性。欲望是一组被动的综合，它们操纵着局部性的客体、流量及躯体，行使着生产单位的职能。现实是终端产品，是欲望被动综合的结果，即无意识的自发生产。欲望不欠缺什么东西：它不缺少客体。毋宁说，它是欲望中所缺少的主体，或缺乏固定主体的一种欲望。除非有压抑，否则没有固定的主体。欲望及其客体完全是同一种东西，是机器，是机器的机器。

欲望是一种机器，而欲望的客体则是与之相关的另一架机器。因此，产品是某种从生产过程中去除或减掉的东西：在生产行为和产品之间，有某种东西变得分离开来，因而给漂泊流浪的主体提供了一处居所，欲望的客观存在本身就是现实之物。

人生就是一次奇怪的旅程，有的人跌跌撞撞，在人生中迷失了自己的方向；有的人怡然自乐，微笑面对生活，把握了人生的幸福。也许，有人会感到疑惑，怎么会出现这样迥然不同的局面。因为，在人生的旅途中，除了美丽的风景外，还有很多诱惑，而每个人内心都有一个魔鬼，那就是欲望。当那些诱惑出现在人们面前，就会激发起人们内心的欲望，为了满足内心的欲望，他们奋不顾身、倾尽一生极力追求着，所以，他们会在人生的路上跌跌撞撞，找不到失去的自我，痛苦地煎熬着。

每个人都有这样或那样的欲望，有的人渴望权力，有的人渴望金钱，有的人渴望幸福，有的人渴望快乐。在他们的生活中，缺少着什么他们就渴望着什么，而且这样的欲望是惊人的。因为欲望本身的特点就是难以满足，渴望权力的人当上了一个小科长，这或许算是美事一桩，但他觉得自己晋升的空间还有很大，当了科长想当经理，当了经理想当总裁，就这样不断地循环下去，欲望越滚越大，扭曲了内心，他成为了欲望的奴隶。所以，如果你想赢得人生，就应该学会放下各种欲望，这样你才会轻松地面对人生，获得属于自己的幸福。

大学毕业后，小柯考上了公务员，在一个小镇上做一个小科长。或许是因为学生气太重，有棱有角，对任何事情都公事公办，严格按照上级所传达的文件处理一切事情。他这样的做法使自己处于一个孤立的境地，同一个办公室的小张怪里怪气地说："果然是文学院的人才，酸腐啊酸腐。"小柯感到不解，难道人民的公仆不应该像自己这样吗。

到年底了，每个科室要上交一份人事报告，就是对各个科室的同志进行客观的评价，主要是科长撰写，而且这样的评价会成为年度表彰大会的依据之一。小柯根据平时的观察情况写出来中肯的意见，其中对一名同事做了批评，因为他总是天天缺班，没有干过一件正经的工作。谁知道，这样的表述立即为小柯带来了灾难，原来那个同事是镇长的儿子，所以才这么放肆。小柯觉得自己说的很有道理，但是，上面却没有任何说法，最后找了个借口撤去了他的科长职务，他成了一个闲职。

小柯觉得太受打击了，为了恢复原职，他仔细观察着周围同事的一言一行，逐渐感染到一些官僚风气。虽然，他心里觉得这好像违背了做人的原则，但是如果按自己现在的处境，会一辈子没有什么出息。于是，他开始融入这个圈子，认识了许多达官贵人，聪明的他还懂得投其所好，花钱送一些礼物，说几句奉承话，没过多久，他就直接被任命为办公室主任。后来，他在官场里如鱼得水，镇长秘书、副镇长、镇长、市委书记逐渐晋升，成了许多同事羡慕的对象。看着自己的位置，小柯很欣慰，但他并没有觉得知足，有了权力，他更想要金钱、美色，许多想依靠他这棵大树的不同行业的人纷纷送名车、递香烟、送美女，小柯的日子过得很逍遥。

但好景不长，纪委很快把他锁定为重点目标，在经过一段时间的调查之后，发现他受贿金额巨大，当即被革职并被带到了纪检委。

小柯从刚开始的青涩到成为阶下囚，这是一个难以琢磨的过程，更是一个令人反思的过程。欲望就像毒品，是会上瘾的，当你满足了一次之后，就会不断地想要更多的欲望，那根本就是一个无底洞。当然，每个人都有一定的欲望，这是正常的，可以促进我们不断地奋进，也是一种自我肯定。但是，如果你的欲望过于强烈，就不再是对自己存在的肯定，相反，会进而否定或取消别人的存在。到那时候，人被欲望所控制着，成为了欲望的奴隶。学会放下欲望的人因为没有了禁锢，他没有了烦恼，所以是自由的。也许，在你的心中也会有种种的欲望，或金钱，或权力，但是，如果你要想赢得自己的人生，掌控你的幸福，那么就要放下那些欲望。

1.什么是欲望

谁也不记得欲望是怎么来的，它似乎是人类与生俱来的。即便是一个刚刚诞生的小生命，随着时间的推移，欲望也会在他身上不断地演变和繁殖。有物质上的衣、食、住、行，有精神上的尊重、认可、快乐、自信、幸福、自由，这些不同的欲望在不同的时间、不同的地点、不同的人身上尽情表演着，构成了多彩纷呈的世界，点缀了千姿百态的人生。

2.理性对待欲望

人类是欲望的产物，而生命则是欲望的延续，人不可能没有欲望。欲望也不会停止，它会伴随着人的一生。欲望的存在是无可厚非的，但是，人类是高级动物，可以控制自己的欲望，甚至放下自己的欲望，这也是可以做到的。一个人就像是一条欲望的溪流，它流淌的不是溪水，而是人的各种欲望。

小贴士

欲望如水，亦能载舟，亦能覆舟，就看你如何去对待了。很多时候，低情商的人抱怨生活太痛苦了，其实这就是内心的欲望无形之中为自己带上了枷锁，禁锢了自己的自由与生命。那么，当你感到沉重的时候，不妨放下内心的欲望，跨越生命，赢得自己的人生。

情商与压力管理

俄罗斯有这样一句谚语：“巧干能捕雄狮，蛮干难捉蟋蟀。”这句话道出一个普遍的真理，即做事需要讲究方法，巧干胜于蛮干。埋头做事是好事，但如果你使用了错误的方法，只会让事情越来越忙，自己也越来越感到压力山大。情商高的人，他们在应对压力时往往可以轻松应对，游刃有余。

生活中，没有一成不变的事情，处理不同的情况，需要我们因时、因地制宜，做出不同的对策。所以，在做事情的时候，需要一种求实的态度和科学的精神，在任何情况下都要按科学规律办事，找准方法，这才是缓解压力的诀窍之一。爱因斯坦说：“成功=艰苦的劳动+正确的方法+少谈空话。”

“老师承受的心理压力实在太大了！”这是现代老师喊出的肺腑之言。

有一次考试结束后，章老师将一份全年级化学小测班级平均分的排名拿给与自己同场监考的王老师看。王老师所带班级的化学成绩一直不是很理想，这次小测，他所教班级平均分不仅又是最末，还比以前略有下降。第二场考试开始了，王老师叹着气与章老师走进考场。刚发完试卷，教室里突然传出一个男性的歌声。“谁啊？”安静的教室里顿时炸开了锅，章老师和同学们一起搜寻那个破坏考试秩序的人。然而，师生们惊奇地发现，唱歌的居然是王老师。

王老师的行为让大家觉得既奇怪又好笑，随后有同学大声叫“老师，别唱了”，章老师也把王老师拉到一边，劝他别唱了。可是，王老师似乎听不见任何人说话，依旧唱个不停。章老师急忙向校领导报告，并找来医生进行诊断。医生表示，王老师受了不良刺激，心理压力太大引发失控行为。

而同事某女老师也发生了类似的状况，“我教学能力这么强，人又长得漂亮，为什么校领导不重用我？”在办公室里，老师们忙着备课、批改作业，某女老师突然蹦出这么一句话，让同事们感到莫名其妙。有老师说，每次考试结束，校领导把全区其他学校的成绩领回来比较的时候，那个女老师都十分紧张，然后就吃不下饭了。有时候能看见她在操场上走着都会说胡话。

在以前，大家都会认为教师是一个比较轻松的职业。但近年来，一些社会舆论认为学生学不好，责任在老师，因而老师所承受的压力非常大。而且，随着这些年以来进行大规模的课改，教材更新，一些老师尤其是年纪较大的老师已经感觉到“力不从心”，适应不过来，加上自身心理调适能力较弱，就会产生心理问题或者心理疾病。

那么，如何保持正确的做事方式，这里有一些秘诀，可以帮助人们找到正确的做事方式，从而使压力得以缓解。

1.尽早处理手头的事情

假如你的办公桌堆满了信件、报告、备忘录之类的东西，那慌乱的场景会令人产生混乱、紧张和焦虑的感觉。而且，如小山般的文件，会让人产生错觉：还有一大堆工作等着我去做，但是我已经没多少时间了。而且时间长了，这种情绪还会促使人患上高血压、心脏病和胃溃疡。

2.按事情的重要程度来排序

全美事务公司的创办人亨瑞·杜哈提说："不管我出多少钱的薪水，都不可能找到一个具有两种能力的人，这两种能力是，第一，能思考；第二，能按事情的重要次序来做事。"当然，永远按照事物的重要性做事并非那么容易。但是，假如制订好计划，先做计划上的第一件事，那绝对比你随便做什么事情要有效果得多。

3.遇到问题时，尽可能当场解决

已故的豪厄尔曾经是美国钢铁公司的董事，当时他最烦恼的事情就是开董事会。因为每次开董事会都要花费很长的时间，在会上总会有许多问题需要讨论，不过最后却不容易形成决议。最后，董事会的每一位董事都不得不带着一大包文件回家细看。所以，遇到问题时，尽可能当场解决，绝不拖延时间。

4.学会组织、分权和监督

许多人做任何事情都是亲力亲为，他们不懂得将责任分摊给其他人，结果自己累死累活，而且还烦恼一大堆。在这样的情况下，即便一件小事情也会让他忙得够呛，他总感觉时间不够用，总感觉焦虑和紧张。尽管分权对于自己而言不是那么容易，不过，这并不表示我们不需要分权，事实上分权是领导者们避免忧虑、紧张和疲惫的最佳方法。一个位于领导者位置上的人，假如不会组织、分权和监督，那他估计在五十多岁、六十出头时就会死于心脏病。

小贴士

许多人每天瞎忙，他本以为自己已经够拼了，但为什么压力还是那么大呢。忙并不代表你努力，“做事”的方式最重要。正所谓“一分耕耘，一分收获”，努力是很重要的，但做事的方法更重要，如果方法用错了，那拼搏也只会带来无尽的压力。

情商高的人更自律

生活中，许多人总是想得太多，做得太少。为了既定目标，我们需要在一个时间段内把最大的精力投入到合适的地方去，而这个过程要求保持高度自律，同时对其他的选择说“不”。大部分低情商的人提到自律，总是有一种厌恶，这意味着没有自由。其实，在高情商的人看来，自律是自由的。

富兰克林博学多才，他是科学家、作家、外交家、发明家、画家和哲学家；他自修法文、西班牙文、意大利文、拉丁文，并引导美国走上独立之路。他制作了一本小册子，每一页写上一种美德的名称。每一页上用红墨水笔画出7直行，一星期中每一天占一行，每一行上端注明代表星期几的一个字母。再用红线将直行画分成13个横格，在每一个横格的左边注明代表每一种美德的第一个字母。每天他检查自己在哪一方面有过失，便在那一天该项德行的横格内打上一个小黑点。

富兰克林决定每一个星期对某一种德行给予特别密切的注意，预防有关方面的极其微小的过失。这样，“在几个循环之后，在13个星期的逐日检查后，我会愉快地看到一本干净的册子了”。

在知乎上流传着这样一句话：以大多数人的努力程度，根本轮不到去拼智商。事实上，自律才是成功的敲门砖。所有成功的人都非常聪明吗？当然不是，智商极高和极低的人均是少数，智力中等或接近中等的约占全部人口的80%。而成功人士身上有一种共同的优秀品质，即超强的自律能力。

1.正确认识自己

养成自律的习惯，需要正确认识自己，需要确定什么行为最好地反映你的目标和价值，这个过程就需要自省和自我分析，做一个准确的自我认识。

2.自我意识的觉醒

如果你每天浑浑噩噩，甚至不知道该干什么，又如何会养成自律的习惯呢。自律比较花时间，但需要我们意识到自己不自律的行为。

3.内心暗示

当自律遭受挑战的时候，需要给自己一些内心暗示，鼓励自己并让自己放心。提醒自己：自律的代价总是要比后悔的代价低的。牢记这句话，每当不自律的时候提醒自己，这会改变你的生活。

小贴士

自律并不是一种精神上的枷锁和镣铐，而是一种寻求内心平衡的最佳方式。或许你觉得自律的生活非常无趣，其实并非如此，自律的高情商的人更容易沉下心来看这个世界，然后进行冷静的思考。他们对世界、生命、自我有更丰富的理解。

把握助人的尺度和方式

高情商的人也不会被他人的要求所束缚。“拒绝”实际上是一个自控行为，它要求你在一定的社交压力下控制自己取悦他人的冲动，清醒判断自己的需求和想法。

杨朱是先秦时期的思想家，他主张“啬生”“重己”，“全性葆真，不以物累形”，重视个人生命的保存，反对别人对自己的侵犯，也反对侵犯别人。在他看来，天地万物，都没有自己的身体尊贵，凡是有利于自己的就行，不利于自己的一律不干。

尽管这样的观点是异常极端的，在生活中难以行得通。所以，颜之总结道：像墨子那样的，就叫作热腹，舍己为人，太过于热心；像杨朱那样的，就叫作冷肠，只想着自己不管别人，又太过无情。其实在为人处世上，不能太热心也不能太绝情，应该一切以仁义为标准。这个道理也符合中庸学的理论，在生活中得到了广泛的证实。

原告张某与被告王某两名女生是某中学在校学生。在学校武术兴趣班课间休息时段，老师要求自由练习前滚翻、后滚翻，原告张某请求被告王某帮助其练习下腰动作。当张某做下腰动作时，因王某力量不够未接稳，导致张某摔倒致颈部受伤，被送医院就诊。

事后，受伤张某一纸诉状将帮忙的同学及学校告上法庭。张某经权威医疗单位诊断为寰枢椎脱位。正司法鉴定所做出鉴定意见为：被鉴定人张某的伤残程度属九级。该所做出损伤与其伤残等级因果关系的鉴定意见为：被鉴定人张某因在某中学上武术课练习下腰动作造成的损伤与其伤残等级存在全部因果关系。

太热心了并不是什么好事，特别是在那些力所能及的事情上，好心往往还会办坏事。一个健康快乐的人，首先是让自己健康快乐，自己健康快乐是带动别人健康快乐的前提，否则，你连自己都照顾不好，又怎么去解决别人的问题呢？

小王在银行工作，他曾经的老师想开一家公司，因缺少资金，便去问他能不能帮忙。他想："老师原来对我不薄，这是老师第一次找我帮忙，我应该尽力而为，以报答老师的一片恩情。"虽然自知此事办成不易，但他还是当即和老师承诺，自己一定想办法促成此事。

可是，他毕竟刚参加工作不久，还没有取得说话的资历，老师的贷款请求又完全不合乎规章，所以小王在银行内部上下疏通。结果很快就花光了自己上班几年的积蓄，然而这笔贷款还是遥遥无期。

这边毫不知情的老师乐呵呵地租好了门面，请好了员工，等着资金。开业时才知道学生所在的银行根本拿不出钱来，搞得老师很被动，责备他说："你这不是在捉弄我吗？你这么做不是害我吗！"小王实在无话可说，自己花钱费力最后落得一身埋怨。

别人来找我们办事，肯定是希望我们能伸出援手，能帮多少就帮多少。在我们能力之内能够帮上忙的，不能寒了他们的心，但经过我们的努力确实帮不了的，也不要硬着头皮随便答应下来，要不然把自己弄得精疲力尽，最后还落埋怨，出力不讨好。所以，实在无法帮忙的，没必要委屈自己，把自己弄得太痛苦。

老家一个邻居跑到省城找工作，身上带的几十块钱花光了，工作也没找到，就给任军打电话，说他也没什么挑拣的，随便找个活干，能给口饭吃就行。任军心想自己的根在乡下，这个忙也确实应该帮，但城里现在都有那么多大学毕业生在那晾着，没特长、没学历，去哪找工作啊？任军四处求人，最后给他找了个清洁工的活，在一个机关大院扫地，每月工资1000元，每天辛苦三四个小时就结束了。没想到，一个月下来，邻居就不干了，说能不能换个既不出力又体面一点的工作。任军瞬间无语了。

有时候，我们要分辨出那些需要帮忙的对象是不是真正值得帮助的人。东郭先生和蛇的故事家喻户晓，其中的道理世人皆知，不要帮助那些阴险恶毒的小人，否则终将害了自己。鲁迅先生也有“痛打落水狗”之说，讲的也是同样的道理。

1.别成全别人，委屈自己

生活中，许多人乐意做“热心人”，他们总是对别人说“有事您说话”，只要别人有困难需要帮忙，肯定全心全力帮忙。热心肠又好面子，自己吃亏也不在乎。他们喜欢揽事，身上有一种“给予比接受更快乐”的风范，是不折不扣的助人为乐的典型人物。不过，他们中的很多人，成全了别人，却委屈了自己和家人。

2.注意帮忙的方式和尺度

当然，要注意帮忙的方式和尺度。比如，朋友着急用钱，你可以把自己的积蓄借给他，但是千万不可动用公款，否则，无异于铤而走险，不仅救不了别人，可能还会把自己也搭进去。“救急不救贫”，帮助不能越俎代庖，别人有能力做的你不能大包大揽，然后还以急人之所难自居，这样就不好了，而且，帮别人之前首先考虑自己的实力，千万不要忘记量力而行，切不可帮完了别人，自己反倒成了需要别人帮助的人。

小贴士

对于别人求助这件事，有能力帮就帮，无能为力的就应该果断拒绝。有时不懂得拒绝，反而会对求助者造成伤害。因为，你一旦答应下来，别人就会寄予全部希望，若最终无法解决，反倒因延误时间对别人造成更大的影响。

别总是取悦对方，懂得合理拒绝

确实，对很多低情商的人而言，要想说出“不”，简直比登天还难。在日常交际中，对于别人提出的要求，很多人都有一个说不出“不”的心理。有时候甚至宁愿自己吃亏也不拒绝，这个是许多中国人的面子心理——不好意思拒绝。拒绝是一门学问，有些时候，我们本来想拒绝的，心里已经很不乐意了，不过却点了点头，碍于一时的情面，给自己留下许久的委屈。所以，懂得拒绝至关重要，有利于提高我们的工作效率和生活质量。

面对接踵而来的要求，不好意思拒绝的结果通常是充满痛苦的：“我对每个人都那么好，从不拒绝他们的要求，不过他们却看成是理所当然的。”现在你可以审问一下自己：自己第一次是否没有拒绝对方的不合理要求？判断一下自己的善良到底到什么程度呢？是随时随地、任何时刻都不会拒绝别人的要求，毫无原则地照单全收，还是只对自己能力范围内的事情不好意思拒绝？假如是前者，那表示你已经陷入到了一种十分严重的难堪境地。

有一个旅游团体参观解放军某部，参观完了之后，有一个团员求助随场的记者帮自己在不准照相的军事禁区里照一张相。这本来是军事禁区，怎么可以照相呢？

这个记者反应十分灵敏，立即对他说：“从感情和友谊上而言，我是十分乐意帮助您的。但是面对这个规章，我实在是无能为力。”没等这位记者说完，那个团员就马上取消了自己的要求。

在这个案例中，记者是一个非常聪明的人，他所采用的拒绝法也是极其明智的。这种先“是”后“非”的拒绝方法，与他们的愿望并不是完全对立的，所以在心理上容易被接受，同时也使自己巧妙地达到了自己的目的。

当我们学会适时地对他人说“不”，也就学会跟自己的快乐说“是”了。有人群的地方，就有交往；有交往，就免不了出现麻烦。在日常生活中，我们经常看到这样的人，他无理地向自己提出这种或那种要求，假如从情理和规范等方面而言，我们应该予以拒绝。但是，考虑到人情，考虑到彼此之间关系的束缚，考虑到全局利益的得失，又不好意思说“不”。

善于拒绝，是人际交往的一门艺术与科学。从某种意义上说，善于拒绝有时比欣然给予还重要。善于拒绝，体现了自己的气度，体现了自己的明智。只有善于拒绝，才能使自己处于进退自如的地步；只有善于拒绝，才能使自己处于不败之地；善于拒绝，才能使自己成为一个正直的人。

如果你没办法拒绝别人，那原因是什么呢？这需要从源头上解决问题。是想全方面地展现自己的能力吗？还是想争取这次机会？又或者是不想别人抢去自己的功劳？如果这些都不是理由，那应该是心理方面的原因。其实自己很想拒绝，却实在找不到很好的借口？尽管理由很充分，但自己脸皮太薄不好意思说出口。找到了原因，自然可以对症下药。

1.适时考虑自己

有的人做事很少考虑到自己的利益，总会想到别人的需要，这就是出发点的问题。如果我们在拒绝别人时，也可以每件事都以自己的利益为出发点，在这样的基础上再去考虑其他人的感受，那自己就有足够的勇气去拒绝，甚至提出自己的要求。

2.信任对方

答应对方的请求，是一厢情愿地认为对方确实没办法解决，所以才会向自己请求帮助吗？要明白，对方也有一定的能力，他不过是想偷懒而已。所以在拒绝时要信任对方的能力，然后将自己的想法原原本本地告诉他。

3.别做不想答应的决定

长时间违背自己的意志，去做一些言不由衷的事情，这样的压力会在内心不断累积，甚至会伤害到自己的身体和心理健康，产生情绪效应，传染给自己身边的人，如夫妻、孩子、朋友。假如无法释放这些情绪，那自己的性格也会变得焦躁不安、易怒。所以，哪怕是为了自己的健康，也要把“不”说出口。

4.思考责任与义务

如果实在无法拒绝，那就必须有权利意识，在不好意思拒绝的同时，索取应有的报酬。比如，有的职场新人在工作中承包了所有的工作，承担了所有的大事、小事，而且做得很好，却没办法得到应有的回报。善良的人从来不思考责任与义务，也不好意思拒绝，所以在自己备受麻烦纠缠的时候，却无法摆脱焦躁的心理。

小贴士

假如低情商的人不想拒绝，又不想使自己难为情。那么就用微笑不语来解决这个问题吧，当对方把不合理的要求说完以后，回报给对方一个微笑。这个微笑，一方面可以缓和紧张的情绪，不至于让对方难堪，另一方面可以使自己免去言语不周而导致的许多麻烦。

第 05 章

人际意识，形成同理心模式

生活中，如果你注意观察，就会发现低情商的人朋友圈比较小，类型单一。反之，高情商的人朋友比较多，类型多样。与高情商的人相处，如同沐浴在阳光下，有一种温暖、热情的感觉。其原因在于，高情商的人有一种强烈的人际意识，他们往往会让身边的人形成一种同理心模式。

高情商的人善于交朋友

马云曾经告诫年轻人："如果你想知道自己将来的年收入如何。找你最经常来往的六个朋友，把他们的年收入加起来，除以六，就差不多是你的了。这个例子，可以充分地说明一点，物以类聚。"马云用一个通俗的例子说明了朋友之间的关系，你有着什么样的朋友，就代表着你是个什么样的人。虽然，有的人朋友很多，可以说遍布三教九流，但是，与我们经常来往的不过那么五六个人，而朋友之间是互相影响的。

有的人喜欢找朋友帮忙，有的人却乐于帮助朋友，前者储蓄人情，后者在透支人情。当我们在银行开个户头，就可以将一些闲散的资金储蓄起来，以备不时之需，你储蓄的越多，你就越富足。其实，人情也是可以储蓄的，与人联络感情，拓展人脉，就好像往银行里不断地储存一样，存的越多，存的时间越久，你可以获得的利息就越多。与存钱不同的是，建立人情存折就是把银行开在朋友的心里，为了维系你们之间的关系，而存入一些真情、关怀，你在人情存折中存入的人情越多，与朋友之间的感情就越深厚。

如果你想建立持久的人脉关系，就需要不断地增加人情储蓄。因为朋友之间也是互惠互利的，彼此之间都有所期待，假如你及时储蓄人情就不会使原来的信赖枯竭了。在生活中，偶尔来到外省，遇到了一个老同学，即使多年没见，但依然可以重拾往日的友谊，没有一丝生疏之感，那是因为过去积累的人情还在。但在生活中与我们经常接触的人，就必须要经常投资，否则，就会令人措手不及。在我们身边经常有这样的人，帮助了别人，就觉得有恩于人，于是怀着一种优越感。其实，这样的心理是很危险的，会在无意之中透支了自己的人情账户。

美国人际关系大师卡耐基说："一个人的成功，专业知识的作用占15%，而其余的85%则取决于人际关系。"只有你处理好了人际关系，才会拥有丰厚的人脉资源，马云无疑是这一类人的佼佼者。正是他不断地储蓄自己的人情账户，所以，那些丰厚的财富也成就了他的一生。

1.人情需要储蓄

储蓄人情是为了拓展自己的人生道路，以备自己遇到麻烦的时候，到朋友那里支取。但是，依靠人情办事是有一定限度的，透支了反而会令人很尴尬，而且，人情储蓄也不能即存即取。假如你刚刚储蓄了人情就急于找后账，希望在人情账中得到回报，那你就犯了人情世故的大忌。你不仅会丢掉这笔人情账，而且还丢掉了面子，也丢掉了做人的分寸。因为在很多时候，人情账是宜储蓄而不宜透支的。

2.宜储存不宜透支

对人情储蓄来说，宜储存却不宜透支。尽量把人情用在刀刃上，你应该查看自己的人情账户上，你与对方的交情究竟有多少，人情有多重，掂量事情的份量，再决定要不要找对方帮忙，千万不能没有轻重缓急。当你遇到事情的时候，尽量靠自己去解决，要尽量少动用人情，以免透支人情。

3.适当回馈

假如你真的获得了对方的帮助，你也应该适当地回赠，比如，主动帮对方、请吃饭都可以，千万不要认为人家帮助你是理所当然的，否则你的人情还是被透支了。如果你动不动就请人帮忙，时间久了，你就会逐渐变成一个不受欢迎的人。

小贴士

助人为快乐之本，只要你怀着热忱，善于帮助别人，给别人面子，多储蓄一些人情，就会获得更大的帮助、更多的人情。以前经常听人说“信用卡透支了”，稍有不慎，你也会透支了人情账。当你的人情一旦透支了，你们之间的感情就会变淡了，甚至对你避之唯恐不及，这时候，你的人情账户已经没有任何作用了，反而自毁了信誉。

锦上添花易，雪中送炭难

高情商的人善于施恩，尤其是对于那些落难英雄，他们以自己敏锐的眼光看出对方日后定有所作为。因此，他们常常做的事情就是“烧冷灶、拜冷庙”。胡雪岩深知，自己向他人多施恩情，对方定会对自己心存感激，而如果对方正是在落魄之际，这样的感激之情才更强。于是，“烧冷灶、拜冷庙”成为了高情商的人建立人脉关系的必经之路。

俗话说：“山水轮流转，三十年河东，三十年河西。”一个做大事的人应该有长远的打算，不仅需要储蓄钱财，更要为自己储蓄人脉。当年的“冷庙”变成了“热庙”，对方自然会因为你当年的“参拜”而对你刮目相看，而且，他不会把你当作趋炎附势之辈。在日常生活中，要想建立广阔的人脉关系，就应该学会施恩、联络一下感情、送些礼物，即使面对一个陌生人，我们也要施以恩情，谁知道，他会不会是一位大人物呢？而对于那些怀才不遇的人，虽然，此时对方无权无势，但等到他一朝发达之时，便是你收获之际。

在生活中，我们要深谙建立人脉关系的智慧，多“烧冷灶”，多“拜冷庙”，令他人对你心存感激。当然，广施恩情，并不是说需要我们对他人施以恩情，而是内心怀着这样一份情感。胡雪岩内心善良，他才会做出那么多友情有义的事情。对于我们来说，心中要常怀恩情，哪怕对一个素未谋面的陌生人，也应心怀仁慈，或许，他就是你人生中的大贵人呢。

生活中一个不经意的援助，使得年轻的店员得到了丰厚的回报，其实，这也是建立人脉关系的方法。虽然，这样的方法看似有点像朝着大海撒渔网，不过，运气好的话，你有可能会网住一条大鱼，就如这位年轻的店员一样。

小贴士

恩情，并不在乎大小，而在乎心诚，如果你本身就是一个善良的人，那么，恩情就会在你不知不觉的言行中弥漫出来。凡事多施以恩情，令他人心存感激，那么，你的人脉资源就会越来越丰富。

想办法将对方变成自己人

在生活中，我们经常对朋友所说的一句话就是“我们之间，都是自己人嘛，不要那么客气”，语气之间有说不出的亲密感，那种亲密感就是“自己人”这三个字所带来的。在我们日常的交际中，交往的双方是互相影响的，这样的一种影响可能是有意的，也可能是无意的，通过的途径就是一方对另一方有意识地施加影响，以此改变对方的某种行为，而 “自己人”就是其中的一种影响。

何谓自己人？顾名思义，就是把对方当作与自己同一类型的人，彼此之间有着亲密的关系，所以，对于你说的任何话、做的任何事情，他都会更容易接受，也更加信赖你。自己人，当然是关系比较好的一种了，他比普通朋友又少了些距离感，也是很值得信任的朋友。

也许有人会问，如何在人际交往中发挥和强化自己人效应？这就需要你自己做出努力了：首先，你应该强调彼此一致的位置，让对方认为你是“自己人”，你可以在语言里加入“我们”，这样对方会更容易接受你提出的建议；其次，你应该尽可能地使你们处于平等的位置，要想取得对方的信任就应该缩小你们之间的心理距离；最后，你还应该提高自己的品质，一个有着良好的个性、品质、修养的人，他的影响力绝对是不容小视的，所以，修炼自己的个性、品质、修养，使自己成为一个受欢迎的人。

1.用一滴蜜去赢人心

一百多年前，林肯引用一句古老的格言，说过一段颇为精彩的话，他说：“一滴蜜比一加仑胆汁能够捕到更多的苍蝇，人心也是如此。假如你要别人同意你的原则，就先使他相信：你是他的忠实朋友即‘自己人’。用一滴蜜去赢得他的心，你就能使他走在理智的大道上。”所以，自己人效应让对方感觉彼此是同一类型的人，你能感受他的感情，他也能察觉到你的心思，彼此在行为和思想上都是互相影响的。

2.常用“我们”

当人们在强化自己人效应的时候，最常用的就是“我们”而不“你”或“你们”，这样来寻求一种认同感。有的老师为了矫正青春期孩子的早恋心理，还说出了自己的秘密：“记得我上中学的时候，在班上有一位异性，不知道怎么了，我老是会想到她，在上课也会禁不住多看她一眼，看来，我们都有着一样的青春。”老师几句亲切的话语，就好像走进了同学们的心里，让他们觉得可信，从而愿意听取这位老师的建议。这其实就是一种自己人效应，通过自己的语言或行为来慢慢影响对方的行为。

小贴士

要想在人际交往中与他人建立起良好的人际关系，就要强化这种自己人效应，把对方当作自己人，你的一份真挚定会换来对方的好感。自己人效应的特性就在于，要想让对方接受自己的观点、情感，那么就必须把自己与听者视为一体，或把自己视为听者，这样来拉近彼此之间的距离。

体察对方的心思，满足其需求

在人际交往中，如何快速地赢得对方的好感？许多人都表示，自己在交际中遇到了难题，那就是不能取得对方的信任，所以，自然不会获得对方的好感了。在社会中，有一种需求定律，就是指任何人做任何事情都带有一种需求。

换句话说，每一个人都有自己的需求，有的需求是来自内心的，有的需求是来自表面的。所以，当你在与别人交流的时候，学会尊重并满足对方的需求，别人才会尊重你的需求，对你产生好感，进而信任你。成功的人际关系就在于善于体察别人的真正需要，从捕捉对方的角度来看，时刻为他人着想，这时候，你就可以获得信任了。乔治曾经说过，一定要了解对方心里想些什么。这是一种交际策略，假如你能够很好地掌握这一绝对的策略，那么一定会在交际中应对自如。

报社最近有人事变动，总编因为要进修去了美国，所以，新调来一个总编。新总编还没有正式报到，报社里上上下下就议论开了，不知道在哪里听到了小道消息，编辑小慧就嚷开了："听说新来的总编从来没有担任过任何职务，在以前的报社也是个小职员。""啊？"十几个员工立即傻眼了，旁边一位小伙子笑道："那还不如我来当这个总编呢，至少我在学校时还是班长呢。""哈哈……"大家笑起来，谁都知道这话是故意说的。小慧又嚷道："他在以前的报社都是坐办公室的，从来没有从事过一天的最基层的采访工作。""这样子的水平，怎么能领导咱们报社呢？""就是啊，就是来我们报社做个小职员都还不够格呢。"大家越说越激动，都对这位还没有谋面的新总编有了不屑的看法。

周一，新总编来报到了，他看起来很年轻，脸上总挂着笑容，样子很温和。在早会上，他笑着自我介绍说："来到咱们报社，有一种小材大用的感觉，别说是做总编，就是当资料室的职员恐怕也不够格。我来这儿的目的之一是体验一下做记者的艰辛，顺便坐一下新闻记者的大车，同时也希望得到各位外勤同事的帮助，将来去某银行请求他们合作时，替本报同事办一下郊区购房分期付款……"他的话还没有讲完，大家都觉得这个新总编还不错，响起了一片掌声，本来还不服气的员工纷纷都开始支持他了。原来，新总编早知道大家不服气，所以特地考虑了同事们的想法，打消他们心里的顾虑。

新来的总编能够设身处地地为同事着想，并且表示自己愿意与他们一起体验生活。就是那几句简单而又朴实的话语，无形之中拉近了他与同事们之间的距离，更重要的是他对同事们一直焦虑的住房问题给予了高度重视，所以，他也受到了同事们的拥护，这对于他展开新的工作有莫大的帮助。

在社会中，每个人都是离不开社会的，当你想要在这个复杂的社会中获得更好的生活，就必须加强人际交往。一个人的成功，只有百分之十五是源于他的专业技术，而剩下的百分之八十五都是源于他的人际关系。所以，那些各方面都很成功的人士，总是会考虑到对方的需求，再达到自己的目的。

1.人际交往是需求的互补

英国首相劳埃德说："要想钓到鱼，得问鱼儿想吃什么。"虽然，这样的比喻有点不恰当，但是，人与人之间的关系确实如此，人际交往实际上是需求的互补，对方身上有你想要的东西，而你只能体察对方的心思，满足对方的需求。

2.坚持互惠互利的原则

也许，有人会不以为然，交往的双方都是平等的，凭什么自己就需要低声下气地去满足对方的需求呢？当你了解了这是需求的互补，就不应该感到心理不平了，因为只有你满足了对方的需求，他才会满足你的需求，你有所失去但也有所获得。相反，如果你只是取而不予，这样就很难维持交往的关系。

3.彼此尊重与友好

在人际交往中，彼此的尊重与友好也是交际的原则之一。在这里，渴望他人的注意，并希望他人感到自己的重要，这也是每个人内心的需求之一。因此，在进行实际的人际交往中，要学会体察对方的心思，满足对方的这种需求，你只需要学会一点，那就是真诚的赞美。当你在赞美对方的时候，意味着你比较看重对方，而且赞美也是一种财富，你赞美对方，对方也会对你报以信任和好感。

小贴士

当然，每个人的需求不一样，有的人渴望听到别人的赞美，有的人却不喜欢听那些华而不实的话；有的人希望别人认同他的兴趣爱好，有的人则不喜欢在他人面前提起自己的事情。总的说来，对方心里的需求是什么，这需要你细微地体察，这样才能投其所好，满足其心理需求。

情商高的人懂得看人说话

俗话说："求神要看佛，说话要看人。"生活中，那些情商高的人更擅长看人说话。人上一百，形形色色，每个人都有自己的性情，每个人都有不同的心理。这时候，我们的语言表达方式也需要因人而异，需要迎合对方的性情、心理特点，才有可能影响对方心理。否则，一味地强势或一味地退却，只会使我们在交流中处于越来越被动的位置。所以，我们在与他人交流的时候，需要讲究看准人下"花药"，如此这般，才能使自己在人际交往中如鱼得水、应对自如。

战国时期著名的纵横家鬼谷子曾经说：“与智者言依于传，与博者言依于辩，与贵者言依于势，与富者言依于豪，与贫者言依于利，与战者言依于谦，与勇者言依于敢，与愚者言依于锐。”

1.什么人说什么话

在我们开口说话之前，需要仔细观察了解对方这个人，或者了解他的性格特征，或者了解他的喜好。在进行交谈的过程中，势必要“什么人说什么话”，比如，对上司不能强势，只能退避三舍；自己的利益受侵犯，必须强势，维护自己的利益。

2.对方想听什么，你就说什么

当我们置身于一个谈话环境，你就必须清楚与对方的关系，了解对方的喜好禁忌，了解对方喜欢听什么、讨厌听什么。这时候，洞悉其心理，对方想听什么，你就说什么，那些讨嫌的话绝对不能说。

3.肚子里有货才能倒得出来

当然，为了能够应对各种人，我们必须不断地积累知识，拓展自己的知识面，这样才能和什么人都有话说，才能够说出对方喜欢听的话。

小贴士

“说人主者，必与之言奇，说人臣者，必与之言私。”一个情商高的人因善于说话而受欢迎，而且能够根据不同的人说不同的话，使自己的话语有“弹性”，那么，他们的人际交往也会相应地收放自如。

学会将优越感送给他人

高情商的人擅长赞美他人，他们习惯性地将优越感送给对方。一个人若是学会了赞美，往往使他能够受益无穷。在日常交际中，我们经常感受到赞美的魔力，不仅能打动他人，也使自己获得了友情和帮助。人总是对自己最感兴趣，认为自己最重要，希望被人赞美。那么，在与他人的交往过程中，我们应该遵循一个原则：尊重他人，肯定他人，并真诚地赞美他人。不过，就赞美而言，也是需要一定的技巧的。我们对他人的赞美不能太笼统，而是需要有针对性。

生活中，我们经常听到“你这个人真是太好了”，虽然，这听上去就是一句赞美的话语，但是，具体好在哪里呢？赞美者却没能说清楚，给人一种虚假的赞美。如此的赞美，不仅不能打动人心，反而令人生厌。

王先生和夫人带着一位翻译同一位外商洽谈生意，外商见到夫人后，便夸赞道：“你的夫人真是太漂亮了！”王先生客气地说：“哪里、哪里。”翻译听到这话，心想可碰到难题了，这“哪里、哪里”怎么翻译呢，最后，他翻译成了“Where、Where？”外商听了，心中感到疑惑，心想，说你夫人漂亮就是漂亮呗，还非要问具体漂亮在哪里？于是，外商笑着回答说：“你的夫人眼睛漂亮，身材好，气质好……”说完，大家都哈哈大笑了起来。

这个有趣的故事告诉我们，在赞美他人的时候，一定要在心里问自己“哪里、哪里”，对方漂亮在哪里，好在哪里，这样，你的赞美由于有了针对性而打动对方，甚至，有可能会产生神奇的效果。我们要明白，当我们赞美对方“真好”“真漂亮”的时候，他内心深处就立即会有一种心理期待，很想听听下文，到底“好在哪里”“漂亮在哪里”，这时，如果没有针对性地表述，对方该是多么失望啊。

这天，公司的职员小路心情特别好，她觉得公司特别温馨，觉得每个同事都很可爱，甚至，她主动承担了上司布置下来的工作任务。可能她自己都说不清楚这到底是为了什么，这不仅是因为她今天穿了新的裙子，更因为她在刚走进公司门口的时候碰到了同事小娜，虽然她们平时话不多，但是小娜看见穿着新裙子的小路，脱口就说：“哇，你的裙子真漂亮！款式很适合你。”可能，小娜也没想到自己一句最普通的赞美，会给小路带来好心情。

对于漂亮的女同事，就需要赞美其装扮，因为漂亮的外表是她们最在意的部分。小娜如此有针对性地赞美，自然会打动小路的心，而且，还给小路带来了一天的好心情。一般情况下，太笼统、太宽泛的赞美会给人一种虚情假意的感觉，而有针对性的赞美能让对方感觉到你是发自内心的赞美，当然，这样的赞美能很好地打动对方。

那么，如何能做到有针对性地赞美呢？

1.赞美对方的某个动作或行为

在生活中，泛泛的赞美很快就让我们词穷了，除了真好、真棒、你是最棒的，超不过10个词，然后就没什么可说了。对每个时刻来说，怎么才能做到有针对性地赞美他人呢？其实，我们很有感触，比如，如果你见到一个人，不说你漂亮，而是说“今天的发型让你神采奕奕”，这样，对方是不是会更高兴呢？因此，那些空泛的赞美不如说出最让你满意的某个动作或者行为。

2.针对不同类型的人

在赞美他人的时候，我们还需要针对不同类型的人做出恰当的赞美。比如，见到一个孩子，你不能说潇洒，而是聪明、可爱、懂事；见到漂亮的女人，就应该赞美其漂亮；见到男人就应该赞美其潇洒、帅气。如果你对他们没有针对性地赞美，对方定会觉得你是虚情假意，又怎会被你打动呢？

小贴士

在赞美他人的同时，我们需要有针对性，比如，对男人你可以夸他帅气，对漂亮的女人你可以赞美她的打扮，对一个母亲你可以赞美她的孩子可爱，对上司你可以夸奖他有领导力。

高情商的人懂得倾听的魅力

在西方有一句谚语：倾听是最高的恭维。英国学者约翰·阿尔代说：对于真正的高情商的人来说，倾听和讲话是相互关联的，就像一块布的经线和纬线一样。当他倾听的时候，他是站在他同伴的心灵的入口；而当他讲话时，他则邀请他的听众站在通往他自己思想的入口。生活中，我们经常会遇到这样的事情：当一个遭遇烦恼的朋友找自己倾诉，我们只需要认真听他讲话，当他讲完了，心情就会平静很多，甚至不需要我们做任何事情来帮助其恢复平静。

在沟通过程中，占据主动位置的一定是会说的人吗？不一定是，有时候，能够把控沟通的主方向的人往往是一些善于倾听的人。在他的生活中，他要是牙痛，要比发生天灾数百万人伤亡的事情还更重大；他对自己头上小疮的在意，要比对一起大地震的关注还要多。因此，我们必须要学会善于利用我们的耳朵，做一个善于倾听的人，并牢牢地抓住沟通的主动权。

或许，有人错误地理解多说话才能把握沟通的主动权，其实，多说话会给我们带来很多负面的影响，多说有可能会使他人对你产生戒心，认为你有某种企图；说得太多了，他人会对你敬而远之，因为他没有义务当你的倾诉桶；况且，说得多了，难免会出错；有时候，说得太多，暴露的信息太多，就会被别人看穿。

1.倾听会让你受益

布里德奇说："学会了如何倾听，你甚至能从谈吐笨拙的人那里得到受益。"倾听并不是没有任何意义的随声附和，一个优秀的倾听者可以从说话者那里获取大量的信息，赢得对方的喜欢，达到打动人心的目的。

2.掌握倾听的技巧

不过，倾听也是有技巧的，除了听外，需要适时地重复对方话语中的关键字眼。当然，倾听比说话更需要毅力和耐心，假如你只是埋头玩自己的手机，或者把头瞥向一边，这样无疑会打击说话者的积极性。

3.倾听是沟通的前提

只有听懂了别人表达的意思的人才能沟通得更好，倾听是说话的前提，先听懂别人的意思，再表达出自己的想法和观点，才能更有效地沟通。同时，听懂了别人的意思，我们才有机会掌握沟通的主动权，如此，也更容易打动人心，达到办事成功的目的。

小贴士

卡耐基说："对和你谈话的那个人来说，他的需要和他的事业永远比你的事重要得多。"所以，做一个懂得倾听的高情商人，并将这样的美德沿袭在自己身上，你会赢得比别人更多的机会，获取更多的信息，把握沟通的主动权，能够更加有效地打动人心。

第06章

情商解套，警惕坏情绪风险源

情商，来自于一个人的情绪商数。然而，一个人内心的因素将在很大程度上影响其情商。比如，自卑、疑心病、嫉妒、忧虑等，这些情绪都很容易导致一个人走向坏情绪，最终形成低情商。所以，人们要善于解码情商，警惕坏情绪的风险源。

别没完没了地考虑明天

古人曰："生于忧患，死于安乐。"试图告诉我们，只有忧愁患害才能使人发展，安逸享乐则会使人萎靡死亡。可是，如果我们总是没完没了地考虑明天，内心时刻存在一种忧患意识，那么，我们如何活在当下呢？虽然，人们常说"防患于未然"，但是，如果一个人对未来过度地焦虑和担忧，时间久了，就会变成一种心理负担，整个人都被笼罩在消极情绪之下。这样一来，极有可能导致的结果是，以后的每一天我们都将生活在忧虑之中，阳光照射不进我们的生活。对未来生活的焦虑和恐惧，成为了现代人普遍的一种心理，即使人们当下的生活过得很不错，但是，他们会不自主地担心未来的生活，总是没完没了地考虑明天会怎么样呢？因此，为了有效地调整心态，不要总是没完没了地考虑明天，不妨尽心做好当下的自己吧！

面对着一群研究生的拜访，心理学家从房间里拿出了许多水杯摆在茶几上，有各种各样的杯子，不同的材料，有的是玻璃杯，有的是瓷杯，有的是塑料杯，有的是纸杯，学生们各自拿了一只杯子喝水。当学生们拿起了杯子，心理学家开始说话了：“大家有没有发现，你们挑去的杯子都是比较好看、比较别致的，像这些塑料杯和纸杯都没有人拿走。其实，这就是人之常情，谁都希望手里拿着的是一只好看一点的杯子，但是，我们需要的是水，而不是水杯，杯子的好坏，并不影响水的质量。”接着，心理学家解释道：“想一想，如果我们总是有意或无意地把选杯子的心思用在了考虑明天的事情上，那么，我们的生活能够远离平静吗？”一位学生摇摇头：“当然不，烦恼会接踵而至。”有时候，我们花上过多的时间来考虑明天会怎么样，担心明天会发生什么，结果，当下的今天我们却没能做好，反而置自己于忧虑之中。

明天到底会怎么样呢？我们都无从得知，因为明天还没有来到，即使我们对明天有诸多幻想，那也应该是往好的方面想，而不要总是担心这样或那样，这样，既忧虑了今天，也给明天蒙上了一层阴影。所以，尽心做好当下的自己吧，至于明天，我们就少去考虑和担忧吧！

对未来担忧太多，以至于年轻人怀疑自己生病了，结果，经过医生诊断，他什么病都没有，有的只是心病。现代社会，人们越来越焦虑，他们的内心隐藏着一种未知的恐惧，担忧自己的生存状况，担忧明天。其中，他们大部分的焦虑是来自明天，而且，这样的人并不在少数，据一项社会调查显示，越是成功的人，对明天越是担忧。

有一位成功人士毫不忌讳自己的焦虑：“现在我的公司刚刚上市，一切都在起步阶段，许多人恭贺我的成功，为此，我却感到忧心忡忡，未来的种种困难在某个阶段等着我。同时，每天外出应酬，常常是喝酒，自己的身体每况愈下，对于明天，我真的十分焦虑，害怕它的到来，更害怕随着它而来的无限的挫折和挑战。”其实，即使再焦虑，我们也不能改变未知的明天，不妨调整好自己的情绪，以坦然的心境来面对今天，尽心尽力做好自己，不要去过多地考虑明天。

小贴士

低情商的人总是没完没了地考虑明天，自己找来了许多烦恼，这就是所谓的“烦恼不寻人，人自寻烦恼”。对医生来说，在他们心中有一个秘密，那就是：大多数的疾病是可以不治而愈的。有的医生甚至断言：“许多人之所以生病，完全是吃撑了没事做，自己无聊坐在那里胡思乱想，结果，多么美好的一个明天，硬是被他自己设想出许多灾难来。”

消除恐惧心理，保持平静

低情商的人对未来怀着一种恐惧，无时无刻不在担忧着、紧张着。赵治勋被日本人称为“棋圣”，他在围棋界占据着极其重要的位置。然而，即使是这样一位大师也会有一种紧张的恐惧，在每一次激烈的对弈中，赵治勋都感到异常担心，而一害怕就很容易出错。因此，为了缓解内心的恐惧情绪，赵治勋总是要求工作人员准备一大堆火柴和废纸，在对弈的时候，他通过撕废纸和折火柴来舒缓自己内心的情绪，这样，他才能运筹帷幄，最终赢得比赛。

马克思曾说：“一种美好的心情比十副良药更能解除生理上的疲惫和痛楚。”然而，在现实生活中，有一种情绪时常困扰着我们，诸如独自登台表演或演讲的时候、与陌生人沟通的时候、在公众场合说话的时候，等等，恐惧的情绪会冒出来困扰我们，影响我们的一举一动。有时候，恐惧的情绪使我们怯场，内心有了退缩的念头；有时候，恐惧的情绪会让我们心中方寸大乱，最终以失败收场。

一位曾被紧张情绪困扰的人这样说道：“过去的我，性格非常内向，每天都感觉特别恐惧，活得十分痛苦，虽然，我尽力伪装自己显得很正常，但是，我非常清楚自己的心境是处于病态中，当逃避和伪装让自己不胜疲惫的时候，我终于选择了面对，心里越是害怕与人沟通，我就越要与人主动沟通；越是不喜欢人多的地方，我就越给自己机会来面对人群。在这种与自己抗争的艰辛历程中，我得到了前所未有的历练和成长。”其实，恐惧的情绪对我们来说，并不可怕，只要我们鼓起勇气，就能够克服内心的恐惧，从而使自己变得优雅起来。

摆脱了恐惧的紧张情绪，帕瓦罗蒂优雅地完成了每一次完美的演出。赛车的时候，在那瞬息万变的赛道上，每一次判断和决定都是在毫秒之间做出的，因此，几乎所有的赛车手都有一个最大的通病，那就是“恐惧的情绪”。对许多赛车手来说，彼此之间都有一个心照不宣的秘密，那就是许多人都会因为比赛过度害怕而尿裤子。舒马赫在赛车界中是数一数二的人物，然而，即使是这样一位大名鼎鼎的赛车手，他在每次比赛时也会害怕。于是，为了缓解自己的恐惧情绪，在每一次比赛之前，舒马赫都会玩一玩电子游戏，这样，他才能更加优雅地玩转赛车。

1.放低对自己的要求

在生活中，要想克服恐惧的心理，我们就应该努力把自己从恐惧的情绪中解脱出来。心理学家认为，有效消除恐惧心理，从根本上说是要降低对自己的要求。一个人如果十分争强好胜，每件事情都追求完美，那么，常常就会感觉到时间紧迫，内心自然充满担忧。而如果我们能够清楚地认识到自己的能力，放低对自己的要求，凡事从长远打算，这样，心情自然就会放松。

2.克服内心的恐惧情绪

其实，恐惧的情绪并不是少数人所特有的，而是每一个人都有的一种心境，无论多么伟大的人，他们都未必能完全摆脱恐惧的束缚。但是，只要他们能找到恰当的放松方式，他们就可以轻松地战胜内心的恐惧情绪，最终赢得完美的胜利。

小贴士

总而言之，恐惧的情绪似乎总是跟随着我们左右，势必要影响我们的言行举止，紧张，总是有意或无意地干扰着属于我们的优雅，在恐惧的心境下，我们似乎没有办法做好任何事情。所以，要想保持一份优雅，要想拥有一份宁静的内心，我们应该努力克服恐惧情绪。

猜疑，无中生有的心灵枷锁

疑心病就是人们在交往过程中，总觉得什么事情都与自己有关，并猜疑他人的言行，以证实自己的想法。疑心病是一种不健康的心理，具有疑心病的低情商的人，总是虚构一些因果关系去解释别人为什么会有这样的举止言谈，比如，有的人在看到附近的两个同事小声交谈，就认为是在议论自己。疑心病根源于心理学上的暗示，暗示可以分为积极暗示和消极暗示：积极暗示可以使人增强自信心，精神更加振奋；相反，消极的暗示可以使人忧心多虑，严重者会疑神疑鬼。疑心病则源于后者，似“无病疑病”，所以，这是一种不健康的心理，会影响到我们的工作和生活。

疑心病者，整天疑心重重、无中生有，认为每个人都不可信、不可交。比如，看见几个人背着自己讲话，就怀疑他们是讲自己的坏话；老板有时候对自己态度冷淡了一点，就觉得老板对自己有了不好的看法，或者怀疑有同事在老板面前说了自己的坏话；父母对自己稍有批评，就无端地怀疑父母是否不爱自己了，甚至延伸出“我难道不是爸妈亲生的”这样荒诞的想法。由猜疑心理导致的心理问题，会慢慢损害自己的身心健康。那么，如何消除内心的猜疑心理呢?

1.培养自信心

我们应该看到自己的优点与长处，逐渐培养起自信心，相信自己会处理好与他人的关系，会给他人留下良好的印象。比如，相信自己的言行在同学面前是没有挑剔的，相信自己在老师面前是一名懂得乖巧的好学生，从而打破自己虚构的因果关系。当我们充满信心地投入到学习中去时，就不会担心自己的行为，也不会随便怀疑对方是否会挑剔、为难自己了。

2.以理智战胜疑心病

当发现自己开始怀疑别人的时候，应该及时找出自己产生疑心病的原因，在没有形成思维之前，瓦解怀疑心理。比如，怀疑同桌偷了自己的钢笔，我们可以冷静地想一想，会不会是自己做完作业忘了带回家，或者在放学路上丢了。这样一来，那些胡乱的猜疑就会被逐渐瓦解。其实，现实生活中的许多怀疑是可笑的，对此，冷静地思考一番是很有必要的。

3.学会自我安慰

有时候，我们在学校遭到了同学的非议与流言，或者与同学发生了误会，这都是很正常的，没有必要去斤斤计较，你计较越多，疑心病就越重，给自己带来的烦恼就越多。假如自己觉得同学在怀疑自己，学会安慰自己没有必要为别人的闲言碎语所纠缠，不要在意对方的议论，这样就会使自己从疑心病的烦恼中解脱出来，同时，有效地提高了自己的情商。

4.主动沟通，消除怀疑心理

事实上，怀疑是误会的升级版，当彼此之间的误会没有得到及时解除，就会发展为猜疑；当猜疑不能及时消除，就会导致疑心病加重。因此，我们应该主动、及时地与“怀疑”对象开诚布公地沟通，弄清事情的真相，消除误会，消除疑心病。如果是误会，通过沟通可以消除；如果是意见有了分歧，适当的沟通对双方也有好处；如果猜疑是真实的，双方经过平静地讨论，也可以有效地解决问题。

小贴士

对于想要身心健康的我们来说，疑心病不是该有的，它会威胁到我们的心理健康。因此，当自己有了疑心病的征兆之后，就要努力去克制住这一不健康心理，把它消灭在萌芽状态，并有效提升情商。

嫉妒，一种摧毁自我的情感

托尔斯泰说：“嫉妒是一种可耻的感情。”在现代社会，竞争日益激烈，嫉妒这种可耻的感情非但没有绝迹，反而有滋生蔓延之势。那些卑劣的落伍者，总是花费大量的精力和时间来嫉妒、怨恨，看到别人领先了就眼红，心生嫉恨，甚至为了报复而不择手段。可是，嫉妒换来的是什么呢？只是一种比痛苦更深沉的情绪，如果你觉得别人有优秀的地方，或者感觉自己某些方面有所欠缺，那么，放下心中的嫉妒吧，消除内在的不满情绪，增长自己的士气，努力拼搏后，你会发现自己也成为了那片让人羡慕的风景。

古人说：“木秀于林，风必摧之；堆出于岸，流必湍之；行高于人，众必非之。”因此，面对那些令我们羡慕、嫉妒的人，抱怨、憎恨并不是明智之举，只有放下心中的怨恨，化嫉妒为动力，努力拼搏，当自己达到了一定的高度，你会发现当初自己嫉妒的不过是自己而已。

有一个人，他总是嫉妒别人工作稳定，嫉妒别人有家庭、有孩子，而自己却漂泊无依，而被他嫉妒的人与他是好朋友，两人因此而断交。这个人使尽了所有招数来超过这位昔日的朋友，想找一个比他更好、更稳定的工作，但每次都以失败告终。

于是，这个人幻想那位朋友所有的缺点，幻想着那位朋友日后凭借着这些缺点而造成重大的损失。这个人自认为十分了解这位朋友，才做出了这样的判断，并且确信自己的预言的悲惨情况一定会发生。不过，令他失望的是，自己所预言的情况并没有发生，相反，那位朋友生活得越来越好。

渐渐地，他不再嫉妒那位朋友了，一方面他觉得自己心中的那位朋友并不是现实中真正的那位朋友，而是自己幻想出来的。那位朋友的童年、爱情，自己并不太了解，他所嫉妒的不过是自己和自己较劲。明白了这些，这个人心中的嫉妒就消失大半了。虽然，这个人创业最后还是失败了，但是，在真正失败的时候，他终于释然了，经过了人生的千辛万苦，他终于不再嫉妒任何人，内心变得无比的平和与安静。

当我们在嫉妒某位同事工作能力强的时候，我们总是注意到了对方的优点，却没有注意自己比对方强的地方。其实，生活中的每一个人都会有不如别人的地方，当对方在某方面超过我们的时候，我们可以有意识地想一想自己的长处，这样就会使自己失衡的心理重新恢复到平衡的状态。

小宋从一名小职员荣升成为部门经理，大家都感到十分诧异，是怎么一种力量让一个平庸得不能再平庸的人也登上了成功的山顶呢。在公司表彰大会上，小宋道出了自己的秘密："许多人都问我，你是怎么做到的？刚开始，我总是沉默不语，其实，在我内心有一点点羞愧，本来，我打算永远不说这个秘密的。可是，现在我发现，我需要将这个秘密告诉你们，这样，避免你们像我一样，被无谓的烦恼所困扰。"公司同事都屏住了呼吸，希望自己能从小宋那里借鉴到什么。

小宋微笑着说道："我想你们一定不了解，我是一个什么样的人吧，其实，我以前是一个嫉妒心很强的人，从小，家庭的贫穷让我对那些富裕的同学心生嫉妒，为此，我甚至仇恨父母，为什么我会出生在这样一个贫穷的家庭。这样一种嫉妒的心理一直支撑到我大学毕业，因为嫉妒别人，总想超过别人，这样的一种信念让我在遇到困难时萌发出一股强大的力量。大学毕业后，我进入了这家公司，这时，我似乎已经忘记了心中的嫉妒，因为在过去的那么多年里，我勤奋学习，浑然忘记了去嫉妒别人。初到公司，我就暗暗发誓：以前是我嫉妒别人，现在我要放下那些所谓的嫉妒，要努力变成一个令人嫉妒的人。我不知道现在我是不是真的成为了这样一个人，但是，我需要告诉你们的是，我已经不去在意是不是了，因为嫉妒已经完全远离了我。"话音刚落，台下响起了雷鸣般的掌声。

有的人看见办公室同事凭着漂亮的脸蛋和一张会说话的小嘴，把上司哄得眉开眼笑，就会心生嫉妒，常常在背后说一些风凉话："有什么了不起，看她都快成了经理的'小蜜'了。"或许，不少人都有这样的经历，其实，这就是"职场嫉妒病"。

1.成为别人羡慕嫉妒的对象

一个人赢得上司的重视很多，一定要凭借着自己那强烈的嫉妒心吗？你越是嫉妒，其实是长他人志气，灭自己威风，不如收敛自己的脾气，控制自己的情绪，为自己打气，当你通过一番拼搏站在了成功的位置，再让别人来对你羡慕、嫉妒吧！

2.嫉妒并不能让自己超越别人

嫉妒并不能使自己超越别人，不如承认自己，改变自己，奋起直追，这样，未来才有希望。对别人产生了嫉妒心并不可怕，关键是我们能不能正确看待嫉妒心。不妨借着嫉妒心理促使自己奋发努力，化嫉妒心为动力，超过对方。

小贴士

黑格尔说："有嫉妒心的人自己不能完成伟大的事业，乃尽量去低估他人的伟大，贬低他人的伟大，使之与他本人相齐。"如果这样的目的不能达到，嫉妒者就会采用种种卑劣的手段，惹出更多的是非来，不过，最后他们却是"偷鸡不成蚀把米"。

自卑，在迷茫中失去自我

自卑心理，用科学的语言可以解释为对自己缺乏正确的认识，在人际交往中缺乏自信，做事缺乏勇气，畏首畏尾，随声附和，没有自己的主见，一遇到错误的事物就以为是自己不好，最后的结果是导致自己失去交往的勇气和信心。实际上，正是因为这样的自卑心理，最后会让自己失去一个展现自我的机会。

自卑，是一种不能自助和软弱的复杂情感。那些有着自卑心理的人总容易轻视自己，觉得没办法赶上别人。在这里，自卑心理主要表现在两个方面：一是一个人认为自己或自己的环境不如别人的自卑观念的潜意识欲望、情感所组成的一种复杂心理；二是一个人因为不可以或不愿意进行奋斗而形成文饰作用。自卑心理是因为婴幼儿时期的无能状态和对别人的依赖而引起的，对人有普遍的意义，可以驱使人成为优越的正能量，不过又是反复失败的结果。当然，自卑心理是可以通过调整认识和增强自信心并给予支持而消除的。

韦尔奇这样解释他的成功：“我们所经历的一切都会成为我们信心建立的基石，当你被选为一支球队的队长时，当你在球场中选队员时，你就掌握了这支队伍，然后事情就这么发生了，渐渐地，你会习惯这些经验，而且人们也会信任你，给予你善意的回应。”其实，在生活中，任何事情本身并不能影响我们，我们只是受对事物的看法的影响，假如我们总是任由自卑心理驱使，将自己看成是一个失败者，那我们就会失去表现自我的机会。其实，每个人都没有什么局限性，任何人都一样，而在每个人的内心都有一个沉睡的巨人，那就是信心。

自信、执着，会让你拥有一张人生之旅的永远坐票。那些不愿意主动寻找自己，最终只能在漂泊无依中一直流浪到老的人，他们其实就是在生活中安于现状、不思进取、害怕失败的自卑者，最终，他们永远滞留在没有成功的起点。

在现实生活中，我们见到过这样的自卑者，或许自己也曾经是他们中的一员。他们不敢大声说话，不苟言笑，独自一个人在某个角落里默默注视着他人，实际上他们心里也渴望得到别人的关注，不过由于自卑的心理，让他们抬不起头来。因此，他们的内心世界一片黑暗，很少能交到朋友，就这样自卑地活着。其实，自卑心理是可以用实际行动来克服的，而克服自卑心理最好的办法就是付诸行动，去做自己害怕的事情，直到自己成功。

那么，如何才能克服自卑心理呢?

1.尽可能坐在最前面的位置

心理学家认为，坐在前面可以建立信心。因为敢为人先，敢上人前，敢于将自己置于众目睽睽之下，就一定有足够的勇气和胆量。时间长了，这样的行为就会成为习惯，自卑也就在潜移默化中变为自信。而且，坐在比较显眼的位置，就会放下自己在公众视野中的比例，增强反复出现的频率，起到强化自己的作用。所以，从现在开始就尽可能地往前坐，虽然比较显眼，但通常情况下关于成功的一切都是显眼的。

2.抬头挺胸，快步走

心理学家认为，我们行走的姿势、步伐与心理状态有一定的关系。通常情况下，那些懒散的姿势、缓慢的步伐是情绪低落的表现，是对自己、对工作以及对别人不愉快感受的反映。假如我们认真观察这些，就会发现身体的动作是心灵活动的结果，而那些内心自卑的人，走路总是拖拖拉拉，缺乏自信。相反，假如我们通过改变走路的姿势与速度，那就有助于调整我们的心理状态，要表现出较强的自信心，那走起路来应该比一般人快。快步行走，就是告诉所有的人：“我要到一个重要的地方，去做很重要的事情”。

3.面带微笑

许多人都知道笑可以带给人自信，它是医治信心不足的良药，不过，依然有许多人不相信这一套，那是因为他们在自卑、恐慌的时候，从来不试着微笑一下。真正的笑容不仅可以治愈自己的不良情绪，还能立即化解别人的敌对情绪。假如你真诚地向一个人展露笑颜，他就会对你产生好感，这种好感足以使我们充满自信。

4.学会正视别人

俗话说得好，眼睛是心灵的窗口。一个人的眼神可以折射出性格，透露出情感，传递出微妙的信息。假如不敢正视别人，那就意味着自卑、胆怯、恐惧；躲避别人的眼神，则折射出阴暗、不坦荡的心态。当我们用眼睛正视了对方，那就等于告诉对方：“我是诚实的、光明正大的，我非常尊重非常尊重你、喜欢你。”所以，正视别人，反映的是一种积极心态，是一种自信的象征。

5.学会当众讲话

在一些公众场合，自卑的人认为自己的意见可能是没价值的，假如说出来，别人可能会觉得自己很愚蠢，那最好是什么也不说，而且其他人可能比自己懂得多，内心里其实并不想让别人知道自己很无知。于是，在这样的过程中一次次摧毁好不容易建立起来的自信心。其实，从积极的角度来看，尽可能讲话，就会增加信心。因此，不管是参加什么样的活动，每次都要主动讲话。

小贴士

信心是获得成功不可缺少的前提，信心会引导我们走向成功。有信心的人，他们遇事不畏缩、不恐惧，即使内心隐隐不安，但他们也能勇敢地超越自我。有信心的人，他们浑身上下充满了活力，能解决任何问题，凡事全力以赴，最终他们会成为最伟大的胜利者。

第07章

心理素质，练就韧性的内心

情商高的人普遍有着强大的内心，不管遇到什么事情，他们总能朝着积极的一面思考，然后寻找一些有效的解决方法。他们的承受能力、处理事情的能力都是极强的，不容易被困难和挫折打倒。

如何平衡自我心态

一般而言，高情商的人总能够很好地平衡自我心态。生活中，相互攀比的心理在每个人的心中都存在，即使你拥有豁达的胸怀，只要你是一个积极进取的人，这种好胜之心就会让你在跟别人的比较中，或多或少地失去平稳的心态，失去本来的自我。

在这个浮躁的社会中，自己生活在这个坐标系的原点。能够把握好自己心态的人，就不必在乎他人的财富胜我多少、才气高我几许。因为人与人不仅仅有差别，甚至是天壤之别。能够明白“人比人，气死人”，就会洒脱许多，开心许多，轻松许多。这的确不失为生活中的一大平衡术。

各人的成长环境不同、天资不同，在若干年后，术业有专攻的局面必然呈现，用自己的长项和别人的比，顿感优越感十足；而看到别人哪方面都比自己强，自己无法企及，就失魂落魄、垂头丧气，这样未免活得太累了。一个人心里的平衡就这样轻易地被打破，哪还有安宁和快乐可言？

不随意贬低别人，也不因为别人的才学而感受自卑。一味想着表现自己的人，在你夸耀自己的同时，你的心就已经失去了平衡，就已开始伤害别人，最终很可能也会伤害自己。

我们常说职业不分贵贱，就像船夫会划船、诗人会作诗一样，各自有各自的本领，不必过分炫耀或羡慕。生活中，我们会听说很多抱怨，什么别人穿得比自己漂亮、吃得比自己讲究、住得比自己舒适之类的，还有乡村的羡慕城市的、钱少的羡慕钱多的、位低的羡慕位高的、权轻的羡慕权重的……

仔细想想吧，当你在羡慕或嫉妒别人时，你身边又有多少人在羡慕你有一份酬劳可观的工作或者有一个幸福美满的家庭呢？世间不如意之事常十之八九。每个人的人生道路都不可能平平坦坦、毫无波澜。如果自己都不知足，用些无聊的谈资跟周围的人攀比，伤心失望恐怕也在所难免。

1.保持反思的习惯

在生活中，当自我评价无法得到肯定，自己的需求无法得到满足的时候，那就需要反思，调整自我与客观现实之间的距离，假如不及时反思自己，总是一味地怪别人，心境就容易变得烦躁，处于沮丧的状态，甚至会产生悲观的想法。

2.不要常常向人诉苦

如果遇到困难或焦虑的事情，不要抱屈，向人发牢骚，或是到处向人诉苦和辩解。因为这样并不能摆脱痛苦，只会白白浪费时间。自己所遇到的烦心事，想必也是别人经常遇到的，并非上天故意为难自己。只要这些事情过去了，就没什么大不了的。这样想，就会减轻自己的心理压力，让自己的心灵保持平衡。

3.善于分析并总结经验教训

事实上，没有一个人的人生是顺利和平坦的，每个人都会遇到烦恼或遭遇厄运，主要是看自己用什么态度来面对，用什么方法来解决。对自己所遇到的事情，要善于分析，总结经验教训，毕竟经历就是一笔财富。同时，多关注自己所拥有的，就会慢慢意识到自己是很幸福的。

4.无法选择就必须接受现实

我们必须明白一个道理，在这个世界上并没有真正意义上的公平。每个人一生下来，许多东西就注定了不平等，比如，出身、相貌等，这就是残酷的现实。当然，有些东西是可以通过奋斗去改变的，不过对于我们无法选择的东西，则必须接受现实。

5.正确对待来自外界的评价

保持自知之明的前提是，正确地对待来自外界的评价。平时要多与朋友们进行沟通，获得别人的帮助。同时正确地估量自己，对事情的期望值不能太高，尤其当自己的某些期望无法满足时，需要说服自己，自我安慰。

小贴士

心理平衡通常是自己给的，并不是别人能给的，需要靠自己的智慧去维持。不管发生什么事情，都是有原因的，平时多反思自己的行为与言语。凡事从实际出发，脚踏实地，一步一个脚印，不要太心急，自然会保持自我平衡。

塑造积极的自我形象

在高情商的人看来，每一种挫折或不利的突变，是带着同样或较大的有利的种子。在失败的背后，往往隐藏着宝贵的经验与信念，事实上，失败是一笔不可缺少的财富。虽然，我们在遭遇挫折、面临失败的时候，都会产生一定程度的负面情绪，但是，如果自己长期深陷其中而不能自拔，失败就会成为你的代名词。

美国著名心理学家贝弗利·波特认为，当一个人在工作中的失败感大于他所取得的成就感时，就很有可能对自己的工作失去热情，而当这种失败感以一定的频率固定出现的时候，他就很容易对自己的工作产生倦怠。面对失败，我们需要做的并不是自甘堕落、自暴自弃，而是不断积累失败的经验，让失败成为一笔财富。

杰出的音乐家贝多芬在与外界声音隔绝之后，坚持音乐创作并获得了巨大的成功；只受过三年正规教育，被老师认定是一个智力迟钝的学生——爱迪生，在经过不懈的努力之后，他成为了最伟大的发明家之一。失败并不可怕，只要你在失败中不断地积累经验，终究能将失败变成财富。其实，遭受失败并不可怕，关键是要用积极的心态来面对。

只要我们能改变心态，把每一次失败都当作考验自己的机会，当作超越自己的一次机遇，那么，我们就不会沉浸在痛苦里，甚至感谢失败让我们看清了真相、获得了经验。失败会让人变得成熟，它是人生的一笔宝贵财富。

1.逆境使人奋进，苦尽才能甘来

莎士比亚曾说："逆境使人奋进，苦尽才能甘来。"在人生道路上，成功没有巅峰，追求没有止境，短暂的荣誉往往会束缚着人们前进的手脚，一时的辉煌往往会消减人们的斗志。而失败，让人痛心更催人奋进，既让人难堪更让人坚定，让人们在放弃时能鼓足勇气，想逃避时拾起自尊。

2.失败是成功的前奏

失败是成功的前奏，失败是一笔财富，失败能够使人不断地反省自己，在逆境中奋进，在低谷中抓住机遇，不断冒险与尝试，最后采摘成功的果实。日本著名实业家原安三朗曾说："年轻时赚一百万元的经验，并不能称为将来赚十亿元的经验，但损失一百万元的经验，倒可以培养赚十亿元的经验，逆境是锻炼人才最好的机会。"

小贴士

一个不能认识和接受失败的低情商的人，也无法看清楚成功的本质，从失败的教训中学到的东西，往往比从成功中学到的还要深刻。成功，总是在经历多次失败之后才姗姗来迟，正确面对失败，才是走向成功的重要素质和能力。

请停止消极的心理暗示

当生活的困难从天而降的时候，人们总会有两种截然不同的心态：低情商的人感觉到天都塌下来了，什么都完了，他们总是与困难较劲，除了抱怨还是抱怨，似乎他们的整个生活都已经被不幸吞噬了；而高情商的人则保持乐观的心态，他们甚至会将那些灾难和不幸当作朋友，最后，他们就真的在磨难中有所活得，从而赢得人生的一笔宝贵财富。

我们可以清楚地看到，前者是拥有消极心态的人，在困难面前，他们只会较劲、抱怨；后者是拥有乐观积极心态的人，他们总是将生活中的困难当朋友一样看待，若是朋友，又怎么会担心给自己的生活带来不幸呢?

拥有18亿元身价的俞敏洪是新东方教育集团的创始人。1980年经过两次高考落榜后，俞敏洪考入北京大学外语系，在北大读书时，俞敏洪不会吹拉弹唱，不会说普通话，他经常得到的就是老师和同学的“白眼”。英语老师评价俞敏洪说：“只能听懂俞敏洪三个字，连鹦鹉都不如。”这些刺耳的话语令他刻骨铭心。之后，他一天十几个小时地狂听、狂背，创纪录地熟练掌握了 8 万个英语单词。

1984年，俞敏洪留校当了教师，却依然被北大边缘化。六七年之后，为了赚取出国的学费，俞敏洪就到校外的民办外语培训机构教课，被北大发现后受到了严肃的通报批评。他愤然辞职开始了新东方创业历程。之初，他租用中关村二小的一个小平房，俞敏洪不得不自己拎着糨糊桶，在零下十几度的冬夜到处张贴招生广告。1995年，新东方急速膨胀发展起来，拓展了业务领域，完成了向现代公司的转变。到年底时，在校学生数已经达到千人的规模。

据公开资料统计，现在每年有近1000万人在接受着新东方的英语培训。2005年9月7日，新东方成功登陆纽约证券交易所，发售了750万股美国存托凭证，一举融资额为1.125亿美元。新东方成了第一家在海外上市的中国教育培训公司，俞敏洪成了有史以来中国最富有的教师。

俞敏洪的成功是在困难中历练的结果，他那坎坷不平的人生道路造就了不屈不挠的性格，也造就了踏实前行的人生之路。他的故事告诉我们：成功的人生必然要接受困难的洗礼。当我们无法回避困难的存在时，要学会与困难成为朋友。人生旅途道路曲折，有高就有低，有起就有落，困难是客观存在的，如果我们想从困难中挖掘点什么，那就要学会跟它成为朋友。

1.战胜困难，就一定能成功

有人说，人生是由幸福和痛苦组成的一串珍珠。谁也无法回避四季的风雨冰霜。困难只能使成功者受到历练，除此不会有任何伤害。要有一种战胜困难的信心和勇气，锻炼人的品质，磨砺人的意志，激发人的智能，增长人的才干，显露人的本色。在生活中，只要我们有信心战胜困难，就一定能拥抱成功。

2.别和困难较劲

当困难降临，如果我们总是与困难较劲，不断地抱怨生活的公平，这样做有什么意义呢？不仅解决不了问题，反而会让自己心情变得更糟糕。在困难面前，如果暂时不能战胜它，就先跟它成为朋友，了解它，这样才能寻找出解决问题的办法。

小贴士

拿破仑说：“人与人之间只有很小的差异，但是这种很小的差异却可以造成巨大的差异。很小的差异即积极的心态还是消极的心态，巨大的差异就是成功和失败。”当生活遭遇不幸，别和困难较劲，而是让困难成为你的朋友，直面苦难，人生没有过不去的坎，只要你抱着这样的心态，就一定能战胜艰难困苦，最终走向成功。

勇敢接纳并改变人生

爱迪生说：“无论何时，不管怎样，我也绝不允许自己有一点点灰心丧气。”信念是心灵的护航者，是胜利的基石。信念，是一缕永不暗淡的阳光，给心灵以丰富的给养，有了信念，我们就可以穿越阴霾，驱散迷茫，挣脱命运的束缚，自由地飞翔。人生需要意志力，坚定的信念，即使道路上荆棘满地，充满了无尽的坎坷，我们也不要放弃信念，这样才会看到希望，看到生命的曙光。

1.学会自我激励

自我激励是激励自己形成良好的品德和习惯的方法，首先，我们要对自己有一个正确的认识，对自己的优、缺点有所了解；其次，学会自我控制和自我约束，“将一件事情做到底”会经历很多意料不到的困难与挫折，应该学会控制自己的情绪和意志；最后，应该有意识地培养自尊心和上进心，这样我们的潜能才可以不断地被发掘，从而向最好的方向发展。

2.找一个学习的榜样

榜样的力量是巨大的，特别是那些有着坚定毅力、坚持不懈追求进步的人，更是我们心目中的楷模和英雄。如果能够找到这样一个榜样，无疑为自己树立了一个标杆。最好的榜样往往就在身边，父母可以是学习的榜样，同龄人也可以是学习的榜样，大家一起你追我赶，让竞争变成学习。

3.参加体育锻炼

现在大多数人都是在物质优裕的环境中长大的，缺乏毅力，如果有一个机会锻炼自己是最好的。而积极参加体育锻炼是一种好方法，不但可以增强我们的体质，还可以增强自己的心理承受能力。

4.参加竞赛

假如让我们独自完成某件事，总是一拖再拖，或许干脆中途放弃。假如知道还有许多人与自己竞争，却能够激发内心不服输的心理。毕竟我们也不愿意承认自己是弱者，不会轻易服输。所以，我们可以与要好的同事竞争，也可以与对方来一场比赛，将工作变成竞赛。

小贴士

任何一个人在成长的过程中，都将注定经历不同的苦难、荆棘，那些被困难、挫折击倒的人，他们必须忍受生活的平庸；而那些战胜苦难、挫折的高情商的人，他们能够突出重围，赢得成功。

缺少决断的勇气，所以是低情商

不管是生活还是事业，如果我们想要赢得成功，拥有决断力并将之付诸实际行动将会有更大的意义。事实上，一个人是否成功，很大程度上取决于他的决心和行动。而有的人只是嘴上说说，行动上却不积极，这些人因缺少决定的勇气，总是被懦弱的性格所控制，这就是生活中为什么存在如此多失去自我的人，也就是为什么低情商的人不懂得拒绝。

这样的人就是一个好好小姐或好好先生，完全不懂得怎么样坚持自己的立场，他的工作是父母安排的，每天生活在一个不属于自己的世界里，甚至在父母的安排下与一个不爱的人结婚。曾经，他也有机会选择自己的事业，不过他无法拒绝父母。

王太太这半个月来，一直在考虑是否要买一件新衣服，她不断地给老公、闺密打电话寻求合适的建议，结果这样优柔寡断、犹犹豫豫地变换了好几十次主意，最后她到了新世纪购物广场，试穿了十多件新裙子，不是穿上显得非常滑稽，就是尺码非常小。王太太非常焦虑，她继续在商场里闲逛。时间没过多久，她又试穿了一件比较淑女的裙子，还有一件看上去比较活泼的裙子，但是最后她也没能决定买哪一件好。

就这样，王太太筋疲力尽地回了家，打电话问闺密的意见。闺密说淑女款式的裙子更适合自己，接着她又和老公商量，老公认为一件漂亮的裙子，最好是需要搭配一套精美的首饰。王太太听从了别人的建议，不过这一切都是自己所喜欢的吗？尺码小的裙子确实显得苗条，不过好像只符合闺密的品位。

过了一段时间，王太太把裙子退了回去，她又穿上了去年的那套裙子。王太太不但购物如此，就是平时生活中的其他小事，她也一样犹豫不决。准备稍微丰富的晚餐，她就会在牛肉与羊肉之间拿不定主意。每次出门，都有一种强迫症，会回来好几次看家门锁好没有。

很多人与王太太有差不多的性格，比如，每天早上坐在办公室前面的时候，有时会为先做哪一件事而犹豫不决；今天是先见客户，还是先把会议需要的方案做好呢？当你觉得今天气温很高，不适合外出拜访客户的时候，却又想到会议是下周一才开始，差不多还有好几天的时间，而客户那边已经打电话在催了，不如还是去拜访客户吧。不过，即便出了办公室，也忍不住感到一丝疲惫，心想，明天再去也不迟呢？于是，又返回办公室去做方案，最后几经周折，一件事情都没有完成，却已经马上到了吃饭的时间了。

一位经常优柔寡断、犹豫不决的女人总是无法确定自己是否关了煤气，或是断了电熨斗及烤箱的电，只要这种担心一出现，她就会强迫自己回家去看一下。

有一次，这位女士前往云南度假，在半路上她开始下意识地担心家里，然后想到煤气。她十分不安，不断臆想家里的情形。当车子行驶到丽江时，她已经想象家里的房子燃起了熊熊烈火，家里浓烟滚滚，周围的人们只能从窗户跳出、四处逃窜。于是，这位女士认为由于是自己的粗心造成了这一切，于是她返身赶回家里。

迪亚·吉普森博士是人寿保险公司的精神病学专家，她说："一般来说，人们犹豫的根源在于焦虑。在财富方面产生忧虑，是因为我们还没有明确定位自己。在复杂的问题上产生的忧虑，是因为我们还不知道该如何入手解决。我们害怕自己患上什么病，却不去看医生。如果一个人一直这样反复无常、犹豫不决，挫败感就会积累到极限，最终精神崩溃。"优柔寡断、犹豫不决的情绪，会对人造成精神上的折磨，使人无法正常思考。

1.优先考虑重点问题

当然，犹豫并不绝对是智力上的问题，所以对于大多数尝试改变自己犹豫性格的人而言，都不用担心。对于犹豫不决的人的问题在于：顾虑太多，习惯将微不足道的因素当成重要事情来考虑。面对这样的情形，应该优先考虑重点问题。

2.抓住机会

当机会来临的时候，需要说"是"，而不是"不"。这样就可以把握潜在的机会，主动出击。在生活中，不要为晚饭是吃羊肉还是牛肉而苦恼，为了这样的问题而犹豫不决，本来就是一种无聊的表现。吃了饭不要为是否运动而优柔寡断，马上决定下来，然后行动。

3.没有"随便"

在吃饭时，当服务员问你吃清汤还是麻辣锅时，你不应该说"随便"这种很不负责任的话。这样的话是让服务员小姐为难，你应该马上做出选择。看电影的时候，不要选来选去还是选不定看哪部，不要花了十分钟的时间还没有做出决定，闭上眼睛马上决定。即便看的电影比较差，也总比你浪费十多分钟犹豫不决要强。

4.尽早做决定

当我们选择购买什么东西的时候，权衡一下，应该尽早做决定。小失误永远比拖泥带水好，在大多数情况下，犹豫不决没有任何好处，尽早做决定总比优柔寡断的人理解得更透彻。在公司里，那些很早且很快决定好自己休假的员工，都获得了最佳的休假时间，而那些犹豫不决的人永远只能排队等候。

5.赶紧去做

在平时的生活中，我们可以利用一些琐事培养自己快速做决定的习惯，做完决定，马上行动，不要像以前那样没完没了地思考。很想出去旅游吗？那就马上放下手中的其他事情，赶紧去。只要一件事情你积极面对了，那当第二件事情出现时，你就可以下意识选择积极的处理方法来解决。

6.反复练习

把培养决断力当作一种游戏，反复练习，假如你一直坚持，就会发现收获蛮多，然后继续自信满满地这样做下去。最后，你会摆脱心理上拖沓、犹豫不决的缺点，获得积极的生活态度。通常，生活中的美好事物只属于那些决定并积极行动的人，当然也包括那些尽全力争取自己和追随者所需要的人。

小贴士

在大多数时候，一个人的犹豫不决往往体现在简单的事情上，越是明智的高情商的人，做决定才越可能有很多疑虑。而缺乏智慧的人，大多数不会想很多制约因素，也不会考虑什么后果。

突破困难的重围，赢得成功

当我们总是眼高手低的时候，最后的结果将是一无所获。蘑菇生长在阴暗角落，由于得不到阳光又没有肥料，常常面临着自生自灭的状况，只有当它们长到足够高、足够壮的时候，才被人们所关注，事实上，这时它们已经能够独自接受阳光雨露了。这就是心理学上著名的蘑菇定律，最初蘑菇定律是由一批年轻的电脑程序员总结出来的，通过蘑菇的生长历程，他们联想到了人所必须经历的历程。

我们刚开始进入社会的时候，像蘑菇一样不受重视，只能替人打杂跑腿，接受无端的批评、指责，得不到提携，处于自生自灭的过程中。由于蘑菇生长必须经历这样的一个过程，而同样的道理，我们每一个人的成长也需要这样一个过程。

亚伯拉罕·林肯在一次竞选参议员失败后这样说道："此路艰辛而泥泞，我一只脚滑了一下，另一只脚也因而站不稳；但我缓口气，告诉自己'这不过是滑一跤，并不是死去而爬不起来'。"一个人克服一点儿困难也许并不困难，难得的是能够持之以恒地做下去，直到最后的成功，在人生的逆境中坚定地走下去。

没有人能够预知事情的结果，但是每个人都能够通过自己的决心来改变事情的未来，你可以摘得胜利的果实。聪明的人总是对自己所接手的工作信心满满，并且有把它做成功的决心，这样他们在做事情的过程中，就在幻想着自己成功时的喜悦，所以他们往往能够凭借自己的决心做好一切事情。

1.利用环境成长

当我们不幸被看成“蘑菇”的时候，如果只是一味地强调自己是“灵芝”并没有任何作用，对于我们而言，利用环境尽快成长才是最重要的。当自己真的从“蘑菇堆”里脱颖而出的时候，我们的价值就会被人们所认可。

2.难忘的经历促使你成功

虽然，蘑菇的成长经历给我们带来了压力和痛苦，但是，这些难忘的经历却有可能让我们赢得成功。哈佛大学的荣誉博士J·K. 罗琳就是最典型的例子，她是一位中年女性，在事业最黯淡的时候，她开始拿笔写作，结果，她写出了享誉世界的《哈里·波特》。

3.意志胜利法

在人生中总是有着种种的不如意，但是，一个意志坚定的人能够将逆境变为顺境，在挫折中寻找转机，他在逆境中坚定地走了下去，最后获得了成功。相反，有的人缺少生活的历练，一旦遭遇挫折或身陷逆境，一次输给了自己，就意味着永远输给了自己。

小贴士

每个人都渴望生活如鱼得水，都希望事业获得成功，但是，上帝不会把这些白白赠予你，如果不畏惧蘑菇的经历，那么成功一定是属于你的。蘑菇的经历是成功必须经历的一步，只有那些能够忍受一切的高情商的人才能得到阳光普照的机会。

第08章

情绪失控，顺利度过情绪危机

生活中，人们常常遭遇情绪失控的时候，情绪陷入危机状态。情绪危机，指的是一个人的心理所经历的巨大波动，包括愤怒、沮丧、恐怖、悲痛……当一个人出现情绪危机时，会让他的理智受到抑制，自我控制能力也会逐渐减弱。

自我暗示，一切都会好起来

自我暗示，也就是主动自觉地通过言语、手势等间接含蓄的方式向自己发出一定的信息，使自己按照自己示意的方向去做。事实上，心理学家认为，自我暗示有消除恐慌和消极心态的功能。美国心理学家威廉斯说：“无论什么见解、计划、目的，只要以强烈的信念和期待进行多次反复地思考，那它必然会置于潜意识中，成为积极行动的源泉。”

在某电视台，一位著名的主持人这样告诉人们他的成功秘诀：“我以前不过工厂里的一名小职员，这辈子之所以能走到今天，是源于自己的一个小秘诀，每次发生糟糕的事情，我总是安慰自己：一切都会好的，事实原来比这个更糟糕。”其实，主持人所说的秘诀，实际上就是一种自我暗示，在苏联电影里，警卫员瓦西里坚定地告诉妻子：“面包会有的，牛奶会有的，一切都会有的。”这其实也是一种心理暗示，积极的心理暗示可以让我们摆脱坏心情的枷锁，重新找回久违的快乐。

美国心理学家霍特曾举过这样一个例子：有一天，弗雷德感到自己的心情很差，以前，在这样的时候，他通常是把自己关起来，不见任何人，直到心情变好为止。但是，这天，弗雷德知道公司要举行重要的会议，所以，他决定装作快乐的样子。在会议上，他笑容可掬，心情看起来十分愉快，不过，让他自己感到奇怪的是，没过多久，他发现自己真的摆脱了坏心情的枷锁。

坏心情，将会影响我们大脑的正常思考，麻痹我们的神经，使我们变得越来越堕落。如果任由这样的状态持续下去，不仅做不好任何事情，反而会把自己推向深渊。但是，一份平和的情绪，有助于我们找到一切解决问题的办法，那么，即使是安慰自己、欺骗自己，但我们能有希望解决问题，这才是行之有效的方法。那么，在生气或愤怒的时候，试着对自己说：一切都会好起来的，在这样乐观的心态下，或许，一切事情真的会好起来了。

1.没办法改变事情，就改变心情

在生活中，我们每个人都有遭遇坏心情的时候，可是，我们应该清楚这一点：如果我们没有办法改变事情，那就改变心情吧。时刻给予自己这样的忠告：一切都会好的，不管多么生气、多么愤怒，依然没有办法改变事情，那么，不如选择一份好心情吧。

2.自我安慰

当然，在很多时候，“一切都会好的”无疑于自我安慰，甚至，有的人说这是“自欺欺人”。哪怕是自欺欺人，但我们能获得平和的情绪，那又何乐而不为呢？

小贴士

其实，这就是一种心理暗示，不管自己的心情有多坏，都要告诉自己：一切都会好起来，表现出一副快乐的样子，到时候你就会发现自己真的摆脱了坏心情，变得快乐起来，这就是积极心理暗示的奥秘。

有效察觉对方的情绪

一般情况下，一个人在坏情绪袭来时是很难想到他人的，因此，在他们心中总是涌动着无法控制的冲动情绪。生气时若只想到了自己，完全不顾他人的感受，我们就很容易陷入愤怒的情绪之中，无法自拔。

在现实生活中，大多数人在生气时只想到自己，他们总想到自己的切身利益受到了损害，或者，自己心中那口怒气咽不下去，因此，无论对方怎么样，他们还是照样生气、责骂，完全把对方当作自己情绪发泄的对象。事实上，有时候，他们真的是无辜的，你的生气与责骂会给他们的人生带来一些不好的影响。

王先生是一位试飞员，他常常在航空展览中做飞行表演。有一次，他在北京航空展览中表演完毕后飞回广州。在飞行途中，在空中三百米的高度，飞机的两个引擎却突然熄火了。由于王先生技术熟练，他操纵着飞机着陆，但是飞机严重损坏，幸运的是没有人受伤。

在飞机迫降之后，王先生的第一件事就是检查飞机的燃料，正如他自己所预料的，他所驾驶的螺旋桨飞机，竟然装的是喷气机燃料而不是汽油。回到机场以后，王先生要求见为自己保养飞机的机械师。那位年轻的机械师为自己所犯的错误感到十分愧疚。当王先生走向他的时候，年轻机械师羞愧得泪流满面，自己造成了一架非常昂贵的飞机的损失，还差一点儿使三个人失去了生命。

王先生心中十分生气，但在看到年轻机械师的那一瞬间，王先生改变了主意，心想：这位年轻的机械师在过去的工作中是多么认真啊，他的前途是不可估量的，如果仅仅因为这次小失误就责骂他，有可能会对他的一生造成难以弥补的影响。于是，王先生并没有责骂那位机械师，也没有批评他，相反，他用手臂抱住了那位机械师的肩膀，对他说："为了表示我相信你不会再犯错误，我要你明天再为我保养飞机。"

在生气的一刹那，王先生首先想到的并不是自己，而是理解了年轻机械师的心境，从而有效地控制了自己的情绪。在现实生活中，有的人太过自我，他们总是想到自己的利益受了损失，哪怕对方只犯了一点小小的错误，他们也抓着"小辫子"不放。而习惯于为他人着想的人，总是能够理解他人的心境，认为这或许不是对方的本意，或者只是对方一不小心犯下的错误。

1.坏情绪导致心理失衡

在生活中，当对方触动了你的自尊或损害了切身利益，我们心中总是表现得愤愤不平，或生气、责骂，在一种失望、莫名其妙的情绪之后，使自己失去了平日那轻松的心境和欢快的情绪，从而导致心理失衡。

2.别只看对方的错误

一个人在生气时由于冲动的情绪模糊了大脑的正常思考，只看到别人的短处，从言语、行为上去训斥别人，最后会使人际关系越来越差。理解对方的心境，哪怕只是一句安慰的话，对方也能感到你莫大的宽容。或许，平时我们习惯责骂他人的错误，尤其是当对方的错误对我们的生活产生不利的影响时，我们的情绪会失控，当怨恨之情占据我们的心灵，责骂就会随之而来。但是，你仔细想想，责骂他人除了让我们的情绪变得更加恶劣外，同时，还深深地伤害着对方，导致双方关系留下难以愈合的疤痕。

3.换位思考

在日常生活中，如果自己遭到了别人的伤害，心中对他人充满了憎恨之情，不妨做一次换位思考，假如自己处在这样一种情况，会怎样呢？当你身边的朋友或者与自己熟悉的人伤害了你时，你应该想想他平日在工作或生活中对你的帮助和关怀，理解对方的心情，以及他对你的一切好处。这样，你心中的怒火、怨气就会消失不见，就能以坦然的态度去谅解别人的过错或消除彼此之间的误会。其实，理解对方的心情对我们自己也是有益处的，因为在这样一个过程中，我们掌控了自己的情绪，做了情绪真正的主人。

小贴士

其实，如果我们在生气时能够理解他人的心情，想到对方的处境，设身处地地为他人想想，有可能他真的不是故意的，自己的一顿责骂或许会毁掉他对未来的希望，这样一想，心中的怒火就会逐渐熄灭，从而有效地控制了即将要爆发的情绪。

给坏情绪找一个发泄的出口

华盛顿·欧文说：“气度狭小就被逆境驯服，宽宏大量则足以把逆境克服。”因此，我们在生气时不要否认并压抑成闷气，要懂得接纳并调整自己的坏情绪。在日常生活中，我们常常会说到“发脾气”和“生闷气”，这两者之间有什么区别呢？发脾气，是指用语言、动作等显性行为将那些对某人或某事不满的情绪发泄出来，这是生气时的外在表现；生闷气，是指将那些不愉快的情绪压抑在心里，不外露，也就是赌气，其实，这就是生气时的内在表现。虽然，我们从表面上看，无论是“发脾气”还是“生闷气”都是生气，但是，它们的表现方式却大有不同。

由于表现方式的差异，将直接导致其后果的不同性，或许，有人认为发脾气会伤了彼此的和气，但是，如果我们发泄的前提是为对方好，伤了和气又怎样呢？大量事实证明，人与人之间的关系并不如想象中的和睦，如果有什么不开心的事情就一味地生闷气，对方就永远不知道你的真正情绪是什么，而且，生活中多一些吵闹也并不是一件坏事。

小萌刚刚大学毕业，尚不懂得如何讨上司欢心、如何恰当处理同事关系，但是，当她找到了第一份工作的时候，父亲这样告诉她：“丫头，公司不比家里，在家里，我和你妈妈都会让着你，你生气了可以砸东西、大哭，甚至大骂，但是，在公司是绝对不行的，凡事需要忍耐，这样你才能赢得上司和同事的喜欢。”小萌点点头，踏着欢快的脚步走进了公司大门。

可是，两个月不到，小萌的脚步就变得无比沉重了。似乎自己在公司真的做得很好，大到公司老总，小到清洁阿姨，都对小萌十分喜欢，因为小萌的脸上时刻挂满了笑容，从来不生气，从来不指责谁。同事都忍不住夸赞小萌：“你的脾气真好，刚才这件事明明是主管自己疏忽了，他那样责骂你，你还是笑容面对，换了是我，早就和主管对骂起来了。”小萌笑着点点头，心里在想：我的脾气也不好啊，当时，我就想拿着文件朝他脸上砸去了。可是，这毕竟是公司啊，不是在家里，这里不是自己撒野的地方。于是，这样每天都需要伪装笑脸、强忍怒火的日子，让小萌感觉到很累，每次回到家里，小萌都忍不住发泄一番，心中的苦闷不知道向谁诉说。终于，在难忍之下，小萌拖着疲惫的身子走进了心理咨询室的大门。

其实，人生在世，我们难免会遇到一些不顺心的事情，哪怕是一家人，也免不了“锅碗碰瓢盆”，于是，有人会生点气、发发牢骚，这是很正常的。在生活中，看不惯某些人和事，偶尔闹点情绪、埋怨、指责，这都不足为奇。而最不应该的一种状况是，不声不响地将不满情绪憋在肚子里，也就是生闷气，而且，生闷气是一种极坏的生活习惯，不仅消耗自己的精力，还会引发疾病，影响身心健康。在三国时期，周瑜一个人生闷气，结果白白断送了自己的性命，这说明喜欢生闷气的人能力不够强，不善于调节自己的情绪，在一定程度上缺少一些谋略。

1.坏情绪不宜堵塞

其实，生闷气对我们的身体有极为严重的伤害：一方面，经常生闷气不利于心脏的健康；另一方面，也会影响我们身体的免疫系统的正常工作，从而引起大脑内的激素变化。对此，专家建议，与其闷在那里自己和自己生气，不如宣泄心中的不满情绪，懂得接纳生气的自己，努力调整自己的情绪，这样会更有效地减少外界环境对人所产生的不利影响。

2.及时疏通情绪，否则后果很严重

有一位被大家公认“好脾气”的人这样说道：“其实，每次看到令我感觉不好的人和事，我内心都相当地生气，但是，我极力克制自己，不断告诉自己‘要保持自己的形象，千万不要发脾气’，结果，每一次我都忍耐了下来，可是，时间长了，我发现，由于心中闷气的郁积，我的脾气越来越大，一点小事就可以让我的情绪变得无比激动，可又不好当面发作，常常是事情过去以后，我就气得砸东西。虽然，我是公认的‘好脾气’，但是，好像我已经陷入了恶劣情绪的旋涡了。”也许，总有一天，这位“好脾气”先生会忍不住爆发，而到那时他自己也成为了闷气宣泄的陪葬品了。

3.找到合适的发泄渠道

现在，一些国外专家的研究表明，发脾气比生闷气好。虽然，在大多数人看来，发脾气有损自己的修养和形象，这似乎是一件伤大雅的事情。但是，科学家却对此公布了一项研究结果：当人感到气愤而想发脾气时，如果能够及时宣泄出来，会有利于自己的身体健康。当然，生气、发怒并不是一件坏事，毕竟人有七情六欲，总不能强制压抑，这样怒气就会变成闷气，反而更容易爆发崩裂。如果能够释放心中的怒气，发泄不满情绪，解除烦闷，反而使身心感到轻松、愉快。

小贴士

在某些时候，该发脾气就发脾气，不需要压抑自己的情感，因为不适当的压抑，就有可能形成生闷气的习惯，结果会适得其反。不过，生活中的我们应该少生气，不能常生气，如果真的到了“怒不可遏”的地步，那就干脆痛痛快快地发泄出来，这样有利于情感的释放，有益于身心健康。

请及时转移注意力

在闲暇时走进公园，在观赏美景的同时，放松一下身心，体味美好的生活。走近喷水池，看着高高喷射出的银花，我们不假思索地就会明白这是压力的作用。

就像喷水池我们经常见到一样，生活中的压力也处处存在。有压力才会有动力，有动力才会让生活有了质感。话虽如此，人们面对的来自各方的压力却让心时常找不到自己，看不清方向。只能在尘世的无奈中任岁月滑去，在心间、眉宇间蒙上了一层霜。

即使你可以逃避，但也只是一时的，问题仍然会在一下刻侵扰你的内心。压力给人以苦恼，因此又有太多的人一直在寻求解秘，让心在失衡的现代社会中找到属于自己的天堂与乐园。但是各种困扰却会层出不穷地出现在我们的人生里，它似乎变化着花样悄悄地来到我们的身旁，伴着岁月与我们一起成长。如果你能驾驭它，就能成为它的主人；如果你任由它肆意增长，它会成为你人生的一大主题，让你的悲情生活一遍遍地上演。这或许就是生活的有趣。

能够控制压力，让压力给自己以积极的作用，你的人生才会大踏步地接近成熟。但生活中的很多人已经习惯了在可以选择前进时去选择无所作为，因为前方有太多的苦难要去面对。很多人在能够挑战自己、改变生活时选择了维持现状，因为现实的压力让他们觉得自己进退维谷。哲人说：“谁要是害怕走崎岖的山路，谁就只好永远留在山脚下。”谁要是不能在压力面前不趴下，谁也就永远只能在原地踏步，苦闷地思考自己为什么不能拥有收获的喜悦。

晓得控制和利用压力的人，是生活中的强者，即使你做不到这一点，能让自己学会释放压力，让生活变得轻松、恬静，你也是一个善待自己的人。压力与心态也是紧密相连的，把握好自己的心态，管理好自己的情绪。让压力减少到最低限度，适当的释放会是一种很不错的方法。

1.玩自己喜欢的运动

每个人都有自己喜欢的运动，有的是篮球，有的是羽毛球，有的是跑步……当自己压力很大的时候，就可以抛下手头的事情，疯狂地玩一次自己喜欢的运动，让自己在运动中尽情地宣泄，让自己的汗水涌出，这样就会轻松很多。

2.跟朋友一起K歌

其实，唱歌也是一种很好的减压方式，但是需要注意的是，我们需要叫上那些玩得比较开的朋友，一群人在一起疯狂地唱和跳，这种感觉会很放松。当然，如果允许，可以喝一点红酒，微醺的感觉更好。

3.去骑行吧

一辆单车，一个旅行包，就能够进行一场短暂而又放松的旅行。现在微信、陌陌等社交软件比较发达，在我们身边也有很多骑行组织，你可以选择一个合适的群体，然后一起去骑行。归来之后，洗个热水澡，好好地睡一觉，相信整个人会轻松很多。

4.玩玩游戏

当觉得自己内心压力较大的时候，可以来几把游戏，在游戏的世界里尽情地玩耍、驰骋，整个人的心情就会感觉轻松很多。不过凡事点到为止，不能过度沉迷其中。

小贴士

如果你把握不好自己的心境，或者你心乱如麻，暂时的忘却也是一种美丽的境界。现实人生中，当我们处于压力的困扰中时，找一个释放自己内心的深层感触的港湾也是一种别致的情怀。暂时的忘却能让心得到抚慰和歇息。让心拥有一刻的洒脱，释放心中的苦闷，得到暂时的宽慰，然后正视自己，面对生活。

寻找一种自我放松的方式

法国作家大仲马说：“人生是由一串无数的小烦恼组成的念珠。”在日常生活中，烦恼、怨恨、悲伤、忧愁或愤怒等不良情绪都是常见的情绪反应，这些都容易成为内向者的典型情绪。内向者生闷气的时候，实际等于整个人都陷入了不良情绪之中，容易产生孤独感和抑郁症，缺乏积极进取的精神。总而言之，生闷气让一个人变得郁郁寡欢，因此，我们需要寻找让自己放松的方式。

培根说：“无论你怎样表示愤怒，都不要做出任何无法挽回的事来。”美国前总统林肯如果在外面和别人生气了，回到家里就会写一封痛骂对方的信，当家人第二天要为他寄出那封信的时候，林肯会极力阻止："写信时，我已经出了气，何必把它寄出去惹事生非。"如何面对心中的种种不良情绪？当然是合理地宣泄，放松自己。

里根是一个性格温和的人，但是，有时候他也会发脾气。当他生气的时候，就会把铅笔或眼镜扔在地上，然后很快就能恢复情绪。有一次，里根对侍从人员说："你看，我在很久以前就学会了这样一个秘诀：当你生气时，如果控制不住自己，不得不扔掉一些东西来出气，那么就要注意把它扔在你的面前，一定不要扔得太远了，这样捡起来就会省力很多，捡起了东西，心情自然也就放松了。"

其实，在很多时候，所谓的轻松方式就是发泄心中烦恼，无压力地宣泄不满情绪，将心胸放开，这样就会减少一些不必要的烦恼，而且，避免了这样的不良情绪感染到其他人。不良情绪是由于心理上失去了平衡，或者是自己的要求或欲望没能得到满足。因此，内向者可以转移心境，寻找一种轻松的方式，这样不良情绪自然就会消失了。

所谓"怒动其身形、冲破忧伤烦闷的不良情绪"，有人在愤怒时暴跳如雷、面红耳赤，实际上，这就是一种能量发泄。人们常说："言为心声，言一出，心便安。"积极的能量发泄可以采取唱歌、怒吼等方式，这也不失为一种轻松的方式。

1.大声哭泣

哭泣是一种行之有效的方式，据调查，85%的妇女和73%的男人在他们哭过之后，心情就会好受一些。威廉菲烈博士说："哭可以将情绪上的压力减轻40%，哭是健康的行为，值得鼓励。"

2.将不良情绪写出来

将心中的烦闷写出来，这也是一种自我轻松的方式。一般情况下，写诗、写日记都能够有效地发泄郁积在心中的不良情绪，使情绪恢复平静。而且，从心理学上说，适当发泄长期以来积压的闷气，可以减轻或消除心理疲劳，比起将闷气郁积在心中，将怒气发泄出来会更好，这样可以使我们变得轻松愉快。

3.大声吼叫或大声歌唱

在电视剧《北京人在纽约》里，面临破产的威胁，失败的阴影来袭的时候，王起明一边开车一边高唱“太阳最红……”，获得了心灵上的暂时放松；在日本，每年都要举办一次呐喊比赛，那些情绪不满者向远处的大喊大叫，以发泄心中的怒气。或许，对于每个人而言，他们都有着不同的轻松方式，但是，他们最终的目的是赶走郁积在心中的闷气。

4.激烈运动

有一位商人在谈到自己放松的方式时，他说：“当我自知怒气快来的时候，连忙不动声色地想办法离开，跑到自己的健身房，如果我的拳师在那里，我就跟他对打；如果拳师不在，我就猛力地捶击皮囊，直到发泄自己满腔怒火，整个人轻松下来为止。”

小贴士

一位年轻女孩来到心理咨询中心，说道：“前两个月我被公司解聘了，心里很恼火，不愿意见人，整天就待在家里，憋得心慌，内心也变得更加痛苦，有什么办法能够摆脱这样的处境呢？”心理医生这样建议：“你这样是不行的，时间长了就会变得郁郁寡欢，寻找一种让自己放松的方式吧。”

适当向朋友倾诉心事

从弗洛伊德时代开始，心理分析家就知道，假如一个病人可以开口说话，仅仅是将话说出来，那他心中的忧虑就可以消除。心理学家表示，当一个人说出自己的忧虑之后，就可以更清晰地看到身上存在的问题，就可以看到更好的解决方法。或许，这其中的奥秘是无法被探知的。不过，几乎每个人都知道将心中的烦恼倾诉出来，或者发泄一下胸中的闷气，马上就会让人感到浑身轻松。

英国思想家培根说过：“如果你把快乐告诉一个朋友，你将得到两个快乐。而如果你把忧愁向一个朋友倾吐，你将被分掉一半的忧愁。”分担，它是一件有趣的事情，可以让我们的快乐加倍，让我们的痛苦减半。当你发现自己被那些怒气缠绕，而且，无力摆脱的时候，千万不要让它憋在心中，要学会宣泄情绪，学会向知己好友倾诉心中的烦恼，让自己摆脱闷气的缠绕。面对不良情绪，唯有主动释放，理智宣泄，否则，后果将不堪设想。

夜晚快到凌晨了，李太太家里的电话突然响了起来，李太太拿起电话：“喂，你是哪位？”电话里传来了一个妇女的声音：“我恨透了我的丈夫。”李太太感到莫名其妙：“我想，你打错电话了。”但是，对方似乎没有听见，依然继续说下去：“我一天到晚照顾两个孩子，他还以为我在偷懒，有时候我想出去见见朋友，他都不肯，自己却天天晚上出去，跟我说有应酬，鬼才会相信呢。”李太太打断了对方的话：“对不起，我不认识你。”那位妇女生气地说：“你当然不会认识我了，这些话我怎么能对亲戚朋友讲，到时候肯定会搞得满城风雨，现在我说出来了，舒服多了，谢谢你。”随后，那位妇女就挂断了电话。

虽然，这位妇女的做法显得十分荒唐，但是，我们却从中发现，一个被不良情绪所困扰的人，他们其实很想把心中的忧愁和苦闷做一番倾诉，哪怕对方只是一个陌生人。在电影《2046》里，梁朝伟将自己内心的秘密对着一个树洞倾诉，不难发现，每个人都有一种倾诉的欲望。有时候，心中的烦闷可能是关于隐私之类的话题，那怎么办呢？事实上，我们应该明白，在任何时候，知己好友都是我们心灵的伴侣，在朋友面前，又有什么可丢脸的呢？当然，向朋友倾诉自己的烦恼，我们需要选择值得相信的朋友。

在生活中，当我们遭受工作或生活上的烦恼时，不妨找一个人聊聊天、诉诉苦。当然，我们所找的聊天对象并不是随便从大街上拉的一个人，而是自己信任的人，这样才可以放心地将自己心中全部的苦水和牢骚说给对方听。当然，这个信任的人可以是亲人，可以是心理医生，也可以是律师，我们可以对他说：“我希望你能给我出出主意，我现在遇到烦恼的事情了，我希望你能听我说说，然后给我出出主意。或许，你站在你的立场可以给我一些忠告，看到一些我自己不曾发现的问题。当然，即便你无法给我一些意见，只要你愿意听我诉苦，当我的情绪垃圾桶，我就非常感激了。”

当然，除了与朋友聊聊，还可以尝试以下方法：

1.寻找适合自己的座右铭

你可以准备一本笔记本或是剪贴簿，然后寻找一些鼓舞人心的座右铭，包括诗句、名人的格言等。当你感到烦恼，或者精神不振的时候，你可以看看这些座右铭，然后你会觉得情绪得到一种提升。

2.对他人感兴趣

你可以在公共汽车上，为自己所看到的人虚构故事，假设这个人的背景和生活情况，假设对方的生活是怎么样的。慢慢地，遇到身边的人可以主动凑过去聊天。所以，在生活中，对那些生活在自己附近的人，需要保持一种友善的态度，以及一种健康的乐趣。

3.不要为别人的不足担心

在生活中千万不要为别人的缺点而操心，假如你希望对方是一位圣人，那估计他也不会认为你是完美的。假如家庭主妇觉得自己嫁错了人，也不妨尝试这种方法。或许，当你发现他的优点之后，你会庆幸自己嫁给了他。

4.上床睡觉之前，计划好明天的事情

在临睡前计划好第二天需要做的事情，这样会治愈我们的忧虑情绪。因为当我们真的这样去做了之后，会发现自己依然可以完成许多事情，但是却感觉不到一丝疲惫。甚至想到自己竟然完成了这么多的事情，感觉有些骄傲，当然，剩下的时间可以好好休息或者梳妆打扮一下了。

5.使自己放松

放松，是避免疲劳和紧张的唯一途径。对女士而言，想必再也没有什么比紧张和疲劳更容易使人苍老了，而且还会令女人变丑。如果你是一位家庭主妇，最重要的就是学会如何放松自己。当然，经常在家里做家务的主妇们有一个很大的优势，那就是随时可以躺下来。家庭主妇们完全可以躺在地板上，其实，地板比床更利于放松自己，而且硬邦邦的地板对脊椎骨有很大的益处。

小贴士

朋友对我们来说，无时无刻不在身边，只要我们需要他们的时候。当自己遇到了不顺心的事情，可以给朋友打个电话，向他们道出内心的烦闷，甚至，可以在朋友面前发怒、哭诉，尽情宣泄心中的不良情绪。

第09章

情商修炼，让你成为高情商的人

情商的高低，既有先天的因素，也与后天的修炼有关。高情商的人往往具备丰富的阅历，他们的情商是在与人的相处过程中，在不同感知和不同意见中，在争执与妥协中磨炼出来的。一个人无法预订智商，却可以修炼情商，修炼情商实际上有比较简单的方法，我们所需要做的就是坚持。

保持适当的心理界限

有些人之所以情商低，在于他们在与人交往时没有保持明确的心理界限。有的人认为，如果两个人之间无话不谈，那么自己对他人也没有什么好保留的。于是，他们就在聊天的时候，想增加彼此之间的亲密度，把自己的所有隐秘的事情都给对方说了。其实，即便是最亲密的朋友，也不要凡事都告诉给对方，给自己一片自由的空间，那才是最安全的。在更多时候，正因为人与人之间保留了一部分，才会使彼此的关系更加稳固，使彼此的交往更具有吸引力。

对于我们每一个人，都有自己的隐私和生活圈子，还有一些不为人知的个人经历以及难以启齿的话语，这些都是需要我们只铭记在心里，而不是把其作为亲密关系之间的谈论话题。如果你毫无保留地告诉对方，只会让对方觉得“你是个傻瓜”，或者对方根本就对你的这些隐秘的事情不感兴趣。最为关键的一点，那就是万一对方是个当面一套、背后一套的人呢？经过他的嘴巴把你的那些最为隐秘的事情弄得满城尽知，到时候丢失颜面的只会是你自己。而且你在与他人交往的时候，并不能确保你们之间就能一直维持和谐的关系，不会出现任何矛盾。一旦你们之间有了矛盾，那就会激起对方的报复之心，把你的那些秘密抖搂出去，那时候已经追悔莫及了。

1.尊重对方的隐私

人与人之间最重要的就是互相尊重，不仅是尊重对方，更需要尊重对方的隐私。即便是你最好的朋友，也会有意无意地伤害到你，因此，人与人之间需要保留自己的那份自由天地，既需要为自己保留，更需要为对方留一个自由的空间。

小李个性比较外向，喜欢张扬，和关系不错的朋友聊天聊得愉快了，就喜欢拿来和其他的朋友分享。

当她刚开始踏进社会的时候，进了一家广告策划公司，居然遇到了比自己大一届的学长，虽然在学校都没有见过面，但是相同的专业让他们觉得很亲切。她与学长聊得特别来，学长为了帮助她尽快进入员工的角色，经常关心她的生活，督促她的工作情况。为了提高小李的工作进度，他还经常在下班之后留下来，耐心地为小李讲那些工作流程，细心地纠正她在工作中出现的错误。可是，当学长偶然听说，小李把他们的聊天内容说给了其他朋友听后，他便不再和小李聊天了，只是偶尔淡淡地问候。

直到现在，虽然小李看见学长还能亲切地叫一声，但是总感觉他们之间的距离越来越远，再也回不到从前。小李很后悔当初自己的行为，没有很好地尊重学长，破坏了彼此之间的关系。

我们在与他人交往的时候，需要表现出对他人的充分尊重。这样的尊重不仅是尊重彼此之间的情谊，更重要的是尊重其隐私，无论对方与你谈论了些什么，都要视其为是你们之间的秘密，是不可以随便向其他人说的。因为每个人的心灵都是比较娇气的，有时候你无意的一句话，无意表现出来的一个动作就会伤害到对方，进而影响双方之间的关系。

2.保持彼此之间的弹性美

在日常人际交往中，人与人之间都存在着一定的心理距离，正是有这样一种距离，才使得我们的人际交往更为顺利。人与人之间既要有距离也要保持一定的弹性。只有保持彼此之间的这种弹性美，才能使双方之间的友谊更加长久。

小贴士

如何来保持人与人之间的弹性美？这就需要我们从两个方面做起：一方面需要我们正视与彼此之间的关系，真正的亲密关系既不是施舍也不是同情，而是一种绝对的信任和真诚；另一方面，我们需要与对方保持一定的距离，不要凡事都干涉对方，不要主观地认为自己永远是对的，每个人都有自己的想法，我们也没有资格强求对方按照自己的意图办事。

失去理智时使自己平静

每当自己因为某件事而失去理智时，请尽量使自己平静下来，这样可以有效提高情商。有一位智者，他脾气十分温和，几乎从来不生气。弟子好奇地问他："师傅，难道你就这样永远不会生气吗？"智者微微一笑："生气是什么呢？每当事情发生了以后，我都会告诫自己，事情可以比现在更糟糕的，看来，我还是算幸运的，所以，有什么值得生气呢？如果是有人犯了错误，本身错误在于他自己，我何必要生气呢？每天，生活的快乐我都来不及感受，哪有什么时间来生气呢？"

或许我们都曾经站在旁观者的角度上，当一些事情发生在家人或朋友身上的时候，我们会清楚地意识到：他完全没必要失去理智。但是，往往事情到了自己头上，为什么就是看不清楚呢？这时候，需要我们理性地看待问题，重新梳理自己的逻辑，给自己一个申辩的空间，从而完成自己的逻辑推演过程。面对任何事情，我们都不要失去理智，因为不容易平静下来。

生活中，总是有这样或那样不如意的事情，有可能会挑起我们心中的怒火，但是，当你因生气而失去理智的时候，是否意识到自己是在被情绪牵着鼻子走呢？当坏情绪开始蔓延的时候，我们应该做的第一件事就是尽量让自己安静和放松下来，冷静地思考现在到底出现了什么样的情况，而不是顺其自然地让坏情绪蔓延开来，自己被情绪牵着鼻子走。

阿文是一个脾气暴躁、情绪容易激动的女孩子，由于她的脾气太坏，交往多年的男朋友也离开了她，朋友们都为她感到惋惜，而阿文自己也似乎感觉到了脾气坏的坏处。有一天，阿文走进了心理咨询室，向心理医生求教："如何才能改掉我的坏脾气呢？"

心理医生没有说话，想了想，拿出了两个透明的玻璃瓶，然后分别装上了同样多的清水，随后，他又拿出了一些大小均匀的玻璃球，有白色的，有蓝色的。这时，心理医生对阿文说："当你生气的时候，就把一颗蓝色的玻璃球放到左边的玻璃瓶中；当你克制住脾气的时候，就把一颗白色的玻璃球放进右边的玻璃瓶里，从现在开始，你应该学会理性控制自己的情绪。"

阿文一直照着心理医生的建议去做，过了一段时间，阿文带着两个玻璃瓶来到了心理咨询室。心理医生将玻璃瓶中的玻璃球捞了起来，阿文发现，那个放蓝色玻璃球的水变成了蓝色，心理医生趁机说："你看，原来的清水投入到'坏脾气'中，也被污染了，相同的道理，你的言行举止也会感染人，就像这个玻璃球一样，一定要控制自己的言行。"阿文点点头，脸上露出了温和的笑容。

当阿文再一次走进心理咨询室的时候，那瓶装着白色玻璃球的瓶子已经溢出了水。心理医生欣慰地笑了，慢慢地，阿文的坏脾气消失了，生活开始走入了正轨，最近，她打电话给心理医生，在电话里，阿文抑制不住内心的激动告诉医生："我新交了一个男朋友，他很优秀。"生活对阿文来说，似乎变得越来越美好了。

普鲁斯特说："愤怒不能同公道和平共处，正如鹰不能同鸽子和平共处一样。"心理医生教给阿文这个方法，其秘诀在于：把自己当作思想的旁观者。阿文在所做的每一件事情中，并没有涉及如何去控制自己的坏情绪，而是意识到"情绪"带来的危害性，在这种思想的慢慢渗透下，阿文逐渐改掉了自己的坏脾气，认识到了"平静"的重要性。

小贴士

站在第三者的角度，清楚地认识了坏情绪，从而也知道了理智的重要性。在现实生活中，我们常常为一些琐碎的小事而失去理智，这时候，我们成为了当事人、局中人，整个人被坏情绪所困扰，若是事态变得严重，就会彻底失去理智，难以控制坏情绪的蔓延。

少做浪费精力的事情

生活中，有什么事情是不利于提高我们的情商呢？答案是一切浪费精力的事物。尽管一个人的精力是相当微妙的，但我们依然可以感受到明显的变化。比如，当我们听到好消息时肾上腺素会增加，而听到坏消息时则会感到异常疲惫。

人们普遍存在着一种心理：一个人如果觉得这是一件不值得的事情，他往往会持冷嘲热讽、敷衍了事的态度。换句话说，对于他们认为不值得去做的事情，那就不值得去做好。当然，由于这种心理，使得他们在从事自认为不值得的事情的时候，难以成功，即使成功了，他们也体会不到多大的成就感。每个人都有不同的价值观，而人们做事情的标准则是：只有符合自己价值观的事情，他们才会满怀热情地去做。对于符合自己价值观的事情，他们能够做得很好；反之，与自己价值观不相符合的事情，他们是很难做好，因为缺乏足够的热情，这就是心理学上的“不值得定律”。

在职场中，同样一份工作，在不同的环境下，所给我们的感受是不同的。比如，在一家大公司，初入职场的你被安排做打杂跑腿的工作，很可能你认为这是不值得，结果，你就连一些小事情都不能做好；反之，一旦你晋升了职位，你就会觉得这份工作是很难得的，自己一定要好好努力工作，因为它值得你去为之努力。

俗话说：“当局者迷，旁观者清。”有时候，我们自己置身其中，往往不能分辨出这件事到底值不值得。这时候，我们应该换个角度思考问题，站在第三者的立场看问题，这样你就会多一些理解与包容，看问题也会更全面、更周到。这样，你会对一些之前认为不值得的事情有一些改观。

小杜是计算机专业的硕士生，毕业后去了一家大型软件公司工作。工作没多久，他就凭着深厚的专业基础和出色的工作能力，为公司开发出了一套大型的财务管理软件，对此，他得到了同事的称赞和上司的肯定。

就在去年，小杜被提升为开发部经理，在上司看来，他不仅精通技术，还是一个值得下属信任和尊敬的上司，而他所领导的开发部屡创佳绩。公司老总认为小杜是一个不可多得的人才，就把他提升为总经办，负责全公司的管理。接到任命通知书后，小杜显得并不高兴，他明白自己的特长是技术而不是管理，如果自己纯粹去管理公司，会使自己的特长无法发挥，而且，专业技术也将会被荒废。更关键的是，自己并不喜欢做管理，在小杜看来，那是不值得去做的工作。

可是，碍于上司的权威和面子，小杜还是接受了这份对他来说不值得做的事情。果然，在接下来的一个月里，虽然，小杜做出最大的努力，但还是令人失望。上司难以体会到他的苦衷，也开始对他施加压力。如今，小杜不但感到工作压抑、毫无乐趣可言，而且，他越来越讨厌这份工作，甚至，想离开公司另谋出路。

大量研究表明，在职场中，至少有一半以上的人将精力花在与工作无关的事情上，如果你一天花这么多时间在一件不值得去做的事情上，那么，工作对于你而言，将会变成一件痛苦的事情。就像案例中的小杜一样，或许，因为这样，还会波及到你的大好前程。在这里，警惕那些将精力花在不值得去做的事情上的人们，不要再耗费自己的生命了。或许，是到了你该离开的时候了，离开这个不能让你振奋、给你新知的地方。开始重新去寻找一些值得去做的事情，这样，才能体现出你应有的价值。

1.选择你所喜欢的，喜欢你所选择的

“我喜欢创作，但我却在做指挥。”这个矛盾一直折磨着世界著名的指挥家——伦纳德·伯恩斯坦。虽然，他无数次站在舞台接受掌声和鲜花，但是，他心里是不愉快的，总是感到一阵隐痛和遗憾。生活中，我们常说“选择你所爱的，爱你所选择的”，其实，说的就是这个道理。

2.哪些事情值得做

论语曰：“十五而上学，三十而立，四十不惑，五十知天命，六十而耳顺。”人生是一个不断学习、不断丰富的过程。随着年龄的增长，我们的知识以及能力也会有所提高。在知识的感知下，我们将越来越能正确分辨哪些事情是值得去做的，哪些事情是不值得去做的。

3.多听、多看、多想

哲人告诫我们："多听、多看、多想，凡事三思而后行。"对于每一件事每个人都有自己看不到、想不到的地方。为了避免一些人生的错误，我们应该多听、多看、多想，多听听他人的意见，这样，我们才会将事情判断得更准确，避免过分值得或不值得的现象出现。

小贴士

当我们选择的是我们所感兴趣或认为有价值的事情，那么，我们就会激发出全身的力量去努力，心理也会相对坦然很多。对此，"不值得定律"给予我们这样的启示：不值得做的事情不要做，值得做的事情就要把它做好。当然，什么是值得的，什么又是不值得的，这根源于每个人的价值观。

移情效应，站在对方的立场思考问题

在心理学中，"移情"指的是情感的转移，除了将感情迁移到与情感对象相关的人事物上外，还可以迁移到不相关的对象上，比如，在谈判过程中，我们会让一个人容易对他人产生移情，将生活中的一些情感转移到对方身上。不仅仅如此，平日我们所说的“伤春悲秋、纵情山水”等也是移情的一种，这样很容易把情感转移到自然物体上。

在现代社会中，几乎随处可见“移情”，比如，利用名人做广告，就是希望引起移情效应，这样的行为是希望把公众对名人的情感迁移到自己的产品或自己组织的知名度上来。比如，我们喜欢某个明星，就会不知觉地关心其代言的商品，对其代言的产品也会有一种好感，会在这样的情感引导下购买产品，这就是典型的移情。

小王是一个推销员，经常是天南海北地跑。有一次，他出差去杭州，到了那边已经是晚上了，他不得不找一间旅馆住下来。由于是在车站边上找的旅馆，条件比较差，只能两个人住一间了，但天性乐观的小王觉得这没有什么，哼着歌就进了房间。进了房间放下自己的旅行包，却看见房内已经有一位客人了，他正躺在床上看报纸。

小王收拾完了自己的东西，也坐到了床上，他觉得比较闷，就主动向那位客人打招呼：“请问师傅来多久了？”那位客人头也不抬，冷漠地回答：“刚到。”小王并没有放弃想交流的欲望，他继续问：“听口音您不是本地人吧？”“噢，山东枣庄人。”那位客人抬起头来，警觉地看了小王一眼。“啊，枣庄是个好地方！读小学的时候，我就在《铁道游击队》的连环画上知道了。两年前去了一趟枣庄，还在那边玩了两天呢，很不错，真是个好地方。”听了这话，那位枣庄人精神为之一振，马上起床放下报纸，先是递烟，又与小王互赠名片。两人越聊越高兴，晚上相约一起进餐。就在当天晚上，双方就谈成了一笔互惠互利的生意。

在这里，小王所使用的就是“移情”策略，谁都会对自己的家乡有一种特别的情结。当小王无意中发现对方的家乡是哪里，再适时提出这个地名，那就会赢得对方的好感，彼此之间的交流也会如同一条山涧的小溪，哗哗地向前流，即便路途中有阻碍，但因“移情”带来的作用，也会将那些阻碍一一扫开，绝不断流。

1.找准对方心中的“情”

移情效应发挥的基础在于我们需要找准对方心中的“情”，当小王尝试着与客人打招呼的时候，对方还是一副冷漠的表情，但当小王一提到“枣庄”是个好地方的时候，那位客人表情融化了，他对人的态度也随之来了个一百八十度大转弯。究其根源，就在于小王用了“移情效应”，迷惑了对方的心智。试想，如果小王谈起了另外一件事“我这次来杭州是出差，顺便推销我们公司的产品，希望你能对此感兴趣”，那么，估计他这笔生意就做不成了，反而会惹得客人十分生气。

2.移情效应可以给对方留下好的印象

在人际交往中，移情是一种投其所好的行为，以对方所喜欢的人或物作为媒介，让对方把这些人或物的情感转移到自己身上，从而建立双方的良好关系。比如，我们想获得对方的好感，假如我们知晓对方很喜欢某个品牌的衣服，那你就去买这个品牌的衣服来穿，而且无意中让对方发现自己的这个行为，自然就能给对方留下一个很好的印象。

小贴士

移情效应要求我们善于站在对方的角度上思考问题，处处做到善解人意。当然，善解人意并不是一味地迎合和纵容对方，而是指在遇到事情的时候，可以尽可能地用自己的心去体会对方的心，用自己的感觉去体会对方的感觉。无法要求别人善解人意，不过自己做到善解人意，最大的受惠者往往不是对方，而是自己。

拓宽视野，有效提高情商

在这个世界上，并没有一成不变的事情，每时每刻，这个世界都在发生着巨大的变化。但是，改变会引起人们内心的恐惧，事实上，几乎所有的改变都会导致恐惧，不管是好的改变，还是坏的改变。有人想结婚，但他马上会陷入恐慌，如果爱情无法天长地久怎么办？如果自己选错了伴侣怎么办？有人想换一份新的工作，但他马上会惶恐不安，如果自己不能胜任新工作怎么办？如果公司没办法兑现求职时的承诺怎么办？甚至，有的人想改变自己的发型，他也会担忧不已，万一新发型看起来很糟糕怎么办？如果自己因此而变得不漂亮怎么办？似乎这是听起来很可笑的事情，但事实就是如此：改变常常令我们感到局促不安。

一个人总是要看陌生的风景、结识陌生的人，甚至，生活在一个陌生的环境里。因为这个世界是变化莫测的，如果我们固执地待在最初的原点，那么，我们将不能适应这个世界的变化，并会逐渐被这个世界所淘汰。

当然，对大多数人来说，他们更喜欢接触熟悉的人和事，因为熟悉，少了内心的那份恐惧。在陌生的人和事面前，人们往往会乱了阵脚、多了胆怯，他们不知道自己该说什么话、该做什么事情，甚至，他们根本不知道自己应该把手放在哪里才好。既然，陌生的风景、陌生的人、陌生的环境是我们无法拒绝的，为什么不尝试着去慢慢接受呢？其实，人生一直是在适应中体味快乐，我们又何苦那么惧怕陌生呢。

王太太嫁给了一个地产大户，因为家里相中了对方家里的财势。第一次去他家，她看着旋转的大厅，以及宽阔的大花园，心里觉得没什么好拒绝的。于是，婚事就这样答应了下来。

结婚后，王太太过着衣食无忧的阔太太生活，老公整天忙着工作，她无聊时就约上几个朋友打麻将，或者飞到香港去购物。她常常会想：如果失去了这样的生活，自己该怎么办？当然，王太太的担心并不是毫无理由的，最近，楼市跌得厉害，许多房产大户都成了穷人家。就好比经常与自己一起打麻将的张太太，去年房市低迷，他们硬是没熬过来，现在一家人挤在几十平米的出租房里。每次打电话，张太太就哭：“这日子是没法过了。”

没想到过了不久，这样的猜想成为了事实。王先生投资失败，不仅血本无归，还欠了几十万的债。王太太还没来得及看一眼后花园，就坐着一辆破旧的面包车走了。搬家后，他们租了房子，王先生的家人凑了钱还了债，王先生和太太都开始了工作。

上班、煮饭、洗衣服、一个人带孩子，这些事情，王太太连想都没想就做了。后来，她发现自己的老公除了会赚钱外，还会炒菜、煮饭，还会逗着孩子开心。以前他太忙，两个人几乎没好好地在一起生活，现在这样的日子挺好的。王太太想起以前总害怕改变自己的生活，但是，真的变了，她却发现没什么不好，失去了物质上的富足，却找回了久违的家的温暖。

上帝在关上一扇门的同时，会为你打开一扇窗。当我们过着熟悉的生活的时候，总是害怕会被改变，但是，许多灾难、横祸是无法阻挡的，唯有改变我们的心态，以及我们的内心的胆怯。不要在乎自己失去了什么，哪怕是工作、房子、信用卡，无论我们的生活发生了怎么样的巨变，我们都可以从头开始自己的人生，甚至，你还会登上新的高度。

改变，它本身带着一种破坏性，将意味着你将破坏以前固有的东西，而重新去接纳一种新的东西。几乎所有的改变都具有破坏性，即使是好的改变。但是，在生活中，许多事情都是需要改变的，那是不容拒绝的。或许，人的心理就是这样矛盾，不变让人厌烦至极，而改变却让人局促不安。通常情况下，那些熟悉的、不变的事情总会让我们感到心安。

1.不惧陌生

“陌生”这个词常常会唤起人们内心的胆怯，他们害怕去接触，更害怕自己从一个熟悉的环境到一个全新的环境。其实，这样的心理是可以理解的，从陌生到熟悉，需要一个漫长的过程中。但是，如果换一个角度，你会发现，所谓的“陌生”其实就相当于一个新奇的探索之旅。

2.新的生活会拓宽全新的视野

在陌生的环境里，你会结识新的朋友、新的同事；你会有一间跟以前全然不同的房间，或许，你早就厌倦了之前的摆设，趁着这个机会不是可以重新装饰吗；你会有一种新的生活方式，以前那循规蹈矩的生活你早就厌倦了，为什么不趁着这个机会改变呢。在适应陌生的过程中，其实你一直都能体味到那种“新奇”的快乐，因为所有的所有对你来说都是未知的、新鲜的，自然也是乐趣无穷的。

小贴士

有人说：“生命开始于舒适地带的尽头。”无论改变本身带给我们怎么样的不安心理，我们必须记住：生活中的改变只是一个开始，而不是一个结束。不要害怕改变，因为人生的乐趣就是接纳新的生活。

意志控制，认定的事情坚持到底

高尔基说：“哪怕是对自己的一点小小的克制，也会使人变得强而有力。”每个人都是有毅力的，可以说，毅力和克服困难相伴。换句话说，克服困难的过程，也就是培养和增强毅力的过程。在生活中，那些毅力不是很强的人，往往能克服小困难，而不能克服大困难，但不断地积累毅力，也可以使人有克服大困难的毅力。

大量事实证明，毅力是可以培养的，心理学家举了这样一个生动的例子：“今天，你或许挑不起一百斤的担子，但你可以挑三十斤。只要你天天挑、月月练，总有一天，即使一百斤的担子压在你的肩上，你依然能健步如飞。”

古人云：“事当难处之时，只退让一步，便容易处；功到将成之候，若放松一着，便不能成。”在生活中，有很多事情，并不是仅仅依靠三分钟热情就可以做好的，也不是一朝一夕就能做到的，而是需要持之以恒的精神，我们要付出时间和精力，甚至是一生的努力，当然，在这个过程中，我们需要忍耐、坚持、再坚持，以无限的意志力等待机会和成功的来临。

1.选择合理的目标，坚持到底

大量事实表明，人的目标行为的中止期大多发生在“半途”附近，那是一个极其敏感和脆弱的区域。导致半途效应有两个原因：一是目标选择不合理，有可能在选择目标的时候，过大或过小；二是个人的意志力，那些意志力越弱的人越容易出现半途效应，如果你想干点什么，那一定要培养出坚忍不拔的精神。

2.再困难面前多坚持一会儿

那些但凡做出巨大成就的人，他们与常人的区别就在于，他们拥有较强的意志力，而并非有多么过人的本领。在大多数人不能坚持的时候，他们再多坚持一会儿；在大多数人想要放弃的时候，他们咬着牙坚持了下来。当然，由于其拥有过人的意志力，任何事情在他们面前，都可以说是简简单单。而对我们来说，拥有过人的意志力，可以说是事半功倍。

小贴士

在迎接挫折的过程，就是他们培养和增强意志力的过程。所以，挫折对天才来说是一块成功的跳板，对强者来说则是一笔宝贵的财富。所谓的挫折与苦难，却是一所修炼人生的高等学府，你是否能顺利毕业则源于内心强劲的意志力。

第10章

情商运用，高情商释放非凡魅力

高情商的人通常比较独立自主，理性思考，明辨是非不从众，拥有较强的洞察力和决断力，懂得在什么时候努力争取、什么时候应该放弃，更懂得用合适的途径来实现自己的目标。高情商的人善于将情商运用在工作和生活中，成为一个优秀的人，凭自己的能力和高情商，升职加薪一路顺利，生活也会很幸福。

自我管理，做情绪的主人

心理学家说：“其实每个人都生活在自己的围城里，巨大的竞争压力使人们渐渐忘记了自我欣赏和肯定，进而迷失了寻找自我意识的目标和方向。”其实，快乐是一种由心而生的乐观心态，它来源于人们克服困难的勇气和对生命归宿的信仰。同样的道理，情绪也由心而生，同时，也由心来控制。那么，我们将如何调整情绪，给自己一份快乐的心情呢？

当然，快乐的资本并不在于财富的多少，而是与人们信念、家庭、自我价值感和个人情绪有关，好心情是个人愿望达成之后的积极态度体验，因此，合理的期望将直接决定着快乐的程度。情绪大多数来源于人们看待事物的方式，一旦理解上出现了问题，往往会产生不正常的情绪反应，从而导致情绪不佳。所以，别生气，争做情绪的主人。

哲人说：“要么你去驾驭生命，要么生命驾驭你，你的心态决定谁是坐骑，谁是骑师。”最快乐的人并不会觉得一切东西都是最美好的，他们只是满足于自己所拥有的一切；最快乐的人并不会觉得人生就是一帆风顺的，而是用积极的心态来面对生活。

其实，决定一个人命运的关键是心态。人生并非只有愤怒和无奈，因为情绪是可以由我们自己去把握和调控的，情绪是人生的控制塔。一个人有什么样的心态，就会有什么样的生活和命运。自然，情绪与心态是相同的，有乐观心态的人，他们的情绪大多时候都会处于平静状态；有悲观心态的人，他们情绪大多时候都会处于抑郁状态。但是，无论一个人多么有能力，如果缺乏好的心态，就什么事情都做不成。良好的心态能产生巨大的力量，有了它，我们就能把握自己的命运，从而实现人生的理想。我的心情我做主，要想做情绪的主人，首先我们得需要良好的心态。

如果自己都不看重自己、不珍惜自己，别人为什么会看重你呢？生命的价值往往取决于自己的心态，你只有珍惜自己、看重自己，别人才会认同你的价值。乾隆皇帝下江南的时候，站在桥头之上，问身边的大臣：“桥下熙熙攘攘的船有多少条？”大臣回答说：“两条，一条是名，一条是利。”船尚且如此，更何况是人呢？人们往往为名所累，因欲海无边而算计，为生计而忙碌奔波，他们常常因为这样或那样的事情而生气、灰心丧气、情绪失落、患得患失，其实，生命苦短，怎能让苦恼常相伴呢？

生活中，许多人认为有怎么样的环境就会造就什么样的人生，其实，这并不是绝对的，因为无论是情绪还是心态都是由我们自己所决定的。面对同样的父亲，一个女儿选择了自暴自弃，一个女儿却选择了拼搏，不同的心态铸就了她们截然相反的人生。

有两位老太太，在生命的最后旅程里，一位选择坐在家里，足不出户，颐养天年；一位开始学爬山，并在95岁高龄时登上了日本的富士山，打破了攀登此山年龄的最高记录。

小贴士

一个人要想主宰自己的人生，那就必须培养自己良好的心态。当一个人有了良好的心态，才能控制其情绪，才能享受生活赋予的快乐和幸福，不要让消极的念头占据你的思想，在任何时候都应该保持积极、乐观向上的心态。

高情商的领导这样批评下属

在上、下级的交谈中，有可能是表扬，也有可能是批评。而批评的作用是为了限制、制止和纠正下级的某些不正确的行为。在现实生活中，有的领导不愿意甚至不敢对他人提出批评，就算是下级工作做得不好，他宁可找其他人去做，也不愿意指出他的不足之处。有的下级犯了错，他也干脆睁一只眼闭一只眼，装作没看见。其实，这样怕因批评而得罪人是一种不明智的想法，那些得罪人的批评不在于批评本身，而在于批评的原则和方法是否运用得当，这就需要掌握一些最佳的批评技巧。

卡耐基这样说："当我们听到别人对我们的某些长处表示赞赏之后，再听到他的批评，心里往往会好受得多。"在面对下属工作中出现的失误或者问题，领导者应该进行适当的批评和否定其一些不当的言行，使下属所存在的问题或不足之处不致继续发展下去，甚至出现更大的错误而最终影响整个工作的开展和进行。虽然古人曾云："人非圣贤，孰能无过？"但是，如果你的下属犯了错误，而你不加以批评，任其发展，他就会在错误的路上越走越远，这样对他的工作还有人生都有着一定的阻碍作用。因此，领导作为统帅人物，适当地批评和否定下属，这是很有必要的。当然，好的批评就是一种激励，最佳的批评方式是需要讲究技巧的，领导者不仅需要纠正下属的错误，更需要使下属能够不断地进步。这就需要高情商的领导者掌握最佳的批评方法，即运用"三明治"的批评艺术。

一个高明的领导者，总是在批评之前先肯定他的成绩，再真诚地向他提出存在的不足之处，事后再提出自己的赞美之词。而有的领导者讲话时说："我对你很失望。"那么被批评的员工听后，第一感觉就是领导已经不重视我了。相反，如果我们换一种方式来处理，比如，你可以这样表达："你做事向来都是很积极的，从来都是按时完成的，这次突然出现了这样的问题，一定有别的原因吧，我很重视这件事情。"再让他做出回答，这样双方才能够解决问题。然后你再转到一个愉快的话题上来，对他的长处表示赞扬。进而让他真正了解你的意图和想法，按照你的意图和想法来工作，这才能够使双方都能保持愉快的心情，而又把问题解决了。

如果从心理学来说，有绝大多数人在听到批评的时候，都不会像听到赞美那样舒服。每个人在本能上，对来自别人的批评就有一种抵触心理，并且喜欢为自己的行为进行辩解，尤其是当他在工作中已经付出了很大的努力的时候，因为一点错误，他就会对上级的批评更加敏感。很多人在自己的认知上，确信自己是不可能不犯错误的，而在行为上却试图为自己的每一次过错进行辩解，这就显得他们对认知不协调。

三明治效应完全符合了人们的心理，如此的批评方式也更容易被下属所接受。那么，三明治效应到底哪里比较出色呢?

1.最佳的批评方式

高明的领导者都会在批评下属的时候，采用三明治式的批评方式，三明治批评方式也被称为最佳的批评方式。那么，享有这样荣誉的三明治批评方式，自然有它的盛名之处。这样一种批评方式，能够有效地避免批评本身带来的负面影响，而把一种本身带着负面的批评成功地转化为正面积极的激励方式。这对被批评者说，既不会受伤，又能在赞扬声中解决问题，无疑是最容易接受的批评。

2.维护了下属的自尊心

很多领导者在批评下属的时候，当面或直接就对下属大声责骂起来，其实这样的方式很容易伤害下属的自尊心，激起对方心里的逆反情绪。实际上，每个人都渴望别人的赞美，而三明治式的批评方式，较好地维护了下属的自尊心。

小贴士

三明治式的批评方式是很符合人们的心理适应能力的。他们渴望别人的赞赏，赞美就会在他的心里留下比较深刻的印象，而两头的赞美能起到这样的作用。当你在诚恳而客观地对他赞扬之后，再进行批评，他就觉得你的批评在赞美的包裹下显得不那么刺耳，所以心里更容易接受这样的批评。

推功揽过，无招胜有招

很多时候，我们总是听到这样的声音：为什么我这么优秀的能力，却得不到领导的器重呢？俗话说：“千里马需要伯乐。”在工作中，每个人都希望自己的领导能够成为自己的伯乐，成为自己职场发展的贵人。实际上，千里马与伯乐的关系是相对的，千里马需要伯乐，伯乐更需要千里马。而在工作中，领导与下属之间的关系实际上是一种利益双赢的关系。换句话说，你要想领导成为你职场发展的贵人，那么首先，你就要成为领导的贵人，通过你的能力和贡献为领导谋取利益。在这样的基础之上，领导才会意识到你的重要性而成为你的贵人，并且为你的职场发展铺平道路。所以，作为下属要学会推功揽过，这样领导听了也会倍感欣慰。

小华在一家刚成立的咨询公司做客户营销，他是个刚刚踏出校门的小伙子，有一种“初生牛犊不怕虎”的劲头。来到公司上班仅仅三个月，就被提升为上司的得力助手，成为领导最器重的员工。小华在职场上的成功并不仅仅靠自己的能力，更重要的是他懂得如何与领导相处。

有一次，当他写汇报到老板那里的工作报告，他就灵机一动同时署上了领导和自己的名字。这样一来，小华经过辛辛苦苦做成的客户，就变成了领导的业绩。当领导拿到这份报告的时候，不解地问：“为什么要署上我的名字呢？”小华谦虚地说：“我能做出这样好的成绩，当然是在领导的指导下完成的，您就相当于我的指导老师，按理说，您的功劳算最大的，我当然需要署上您的名字了。”领导听了，欣慰地笑了。后来，自己的直管领导就凭着骄人的工作业绩被提升为客户总监，小华听公司的同事说，在小华进公司前，领导的业绩平平，而当自己进来以后，业绩直接突飞猛进。因此，当领导被提升为客户总监时，他也没有忘记小华，小华马上从一位普通的员工上升为营销经理。

小华发现把自己功劳归功于领导，既能为领导谋取利益，也能使自己在职场中平步青云，这又何乐而不为呢?

其实，当以你的领导和你的名义报告给上级领导，自然是领导更能引起上级领导的关注和重视。当你有了一些好的建议或者想法，你就可以借助领导的渠道报告上去，既为领导赢得了荣誉，也证明了自己的价值。而当领导因为你的功劳而飞黄腾达的时候，他也会牢记你，帮你提升职位，并把你作为他的得力干将，以便以后还能有这样的机会助他一臂之力。

1.为领导分忧

此外，作为下属不仅需要将功劳尽量推让给领导，还需要包揽一些过错。比如，在工作中，领导有可能因为估计不准，下达了一些不太恰当的指令，造成下属在实际操作中的错误。按理来说，这样的过错责任主要在领导，但聪明的下属则会主动将过错全部揽到自己身上。这样的行为会让领导心生感激，虽然领导嘴里会说："这件事我也有责任。"但他内心还是希望有贴心的下属来为自己分担忧愁，如果你做到了为领导分忧，那距离升职加薪的日子就不远了。

2.把功劳归功于领导

当你完成了一项工作，需要拟写一个工作报告并上交给上级领导。其实，在拟写工作报告的过程中，你就可以巧妙地把自己的功劳归功于领导。你不妨把领导和你的名字一起署在上面，当然，这里也要讲究技巧，那就是把领导的名字写在前面而你的名字紧跟其后。这样既照顾了其面子，给领导的感觉就是自己的功劳。这样一种做法可以利用领导因为霸功而对你产生一种愧疚感，无形之中就加大了你在领导心中的地位。而且你还可以借助领导的交际范围，赢得一些接触公司高层的机会，并且利用和公司高层直接对话的机会多提对公司发展有价值的建议，从而为自己创造发展的机遇。

小贴士

作为一位领导，他每天所面临的工作纷繁复杂，比如，一些比较棘手的项目、繁杂的工作报告。那么，在这关键时刻，你不妨主动提出为领导分担一部分工作，在你工作之余，给他拟写一个可行性的项目报告，及时送到他办公室。那些对领导来说很头疼的工作任务，你就主动请缨，并且力争圆满完成，让领导坐享荣誉。

女人用高情商赢得幸福

美丽的伊甸园，上帝创造了亚当，但他经常会不开心，总觉得生活中少了点什么，于是，上帝取了他的一块肋骨，创造了一个女人——夏娃。就这样，亚当和夏娃血肉相连，无法分割，男人为了自己的肋骨，小心呵护着女人；女人为了自己，依附着男人。其实，就在女人依附男人的同时，她已经失去了自己。

有不少女人会持着这样的观点：女人依附男人，那是天经地义的事情。小到在经济上依靠男人，大到自己的喜怒哀乐都取决于男人，但就在这样的举动下，女人自己失去了很多东西。或许女人会说，这是我的福气，从来不用去操心什么，我为了男人而活。她们往往忽视了，在依附男人生活的同时，自己早已经失去了本该属于自己的精彩，在两个人的世界里变得卑微起来，看男人的脸色生活，每天的日子也是在等待中消磨着，甚至离开了男人，她们就不知道自己的生活该怎么办。高情商的女人，需要牵挂你的男人，但不要依附于他。

王姐结婚五年了，这期间分分合合、吵吵闹闹，有好几次都差点走到了感情的尽头，每每想起过去的往事，王姐就唏嘘不已，她常常感叹：“我现在算是明白了，对于男人，就好像放风筝一样，有松有紧，你可以牵挂他，但千万不要依附于他，否则只是自己折磨自己，到最后还会陪葬一段感情。”

在过去，王姐是一个视感情如生命的人，她几乎将所有的心思都放在了男人身上，在她的世界里从来没有自己。那时候，王姐每天只是在家里照顾孩子、做饭烧菜、打扫清洁，老公则在外面工作养家。但即便是这样，哪怕有一点点风吹草动，王姐就大肆做文章，偶尔看到老公与某个女同事讲了几句电话，她就会大吵大闹，整日以泪洗面。老公拼命解释：“我们只是普通的同事。”但王姐从来不听，她常常是整夜整夜地失眠，看着入睡的老公，她觉得自己似乎在用生命爱这个男人，但他却从来不懂自己，难道自己的感情就真的那样下贱吗？

如此反复几次，老公厌烦了，脱口提出“离婚”，听到这两个字，王姐就感觉天好像要塌下来似的，离婚了，自己怎么活呢？拿什么养活自己呢？而眼前这个男人就是自己的命，没有了命，怎么活下去呢？无奈的王姐找到朋友诉说心中的苦闷，朋友听了，只是微笑着说：“我觉得你们还没有走到离婚的地步，你只是太依附于他，尤其是感情，你好像把生活所有的重心都放在他身上，浑然忘记了自己，你应该将精力分散开，多关心关心其他的事情，你可以牵挂他，但没有必要依附于他，这样你会失去自我，从而变得微不足道，他自然会厌烦你的。”

在朋友的建议下，王姐找了一份工作，整天早出晚归，她已经没有心思对老公的行为进行捕风捉影，新鲜的生活让她忘记了以前的不快，每天回到家，她就将工作中有趣的事情讲给老公听。渐渐地，两人感情开始升温，浑然忘记了过去的小插曲，而王姐经历了这些事情，她开始变得释然起来，偶尔看见老公与女同事一起工作，她还会友好地打个招呼。

之前的王姐依附着男人生活，将自己生活所有的重心都集中在男人身上，喜怒哀乐全是围绕着男人转，结果所造成的结果是捕风捉影、无理取闹，时间长了，男人烦了，提出离婚，这下子王姐更是受不了，感觉天要塌下来似的，这样一些行为其实就是典型的依附型。

1.不要在经济上依附男人

生活中，那些在经济上依附男人的女人，与其说是靠男人养活，还不如说是一只寄生虫。在动物世界中，就连非常细小的动物都懂得通过劳动来养活自己，更何况作为高级动物的人类呢？当你卑微地成为一只寄生虫，花男人钱、靠男人养活的时候，男人就有借口说："是我养活了你。"在他面前，女人的自尊简直可以低进尘埃里。

2.在感情上更不要依附男人

而那些在感情上依附男人的女人，就变得更卑微了。她们似乎找不到自己存在的价值，只有在男人那里才能感觉到自己活着。她们将所有的感情都寄托在男人的身上，仅有的一点自我也变得支离破碎，她们为了男人伤心而哭，为了男人快乐而笑，但对于她们自己而言，好像没有一点点生存的价值。

女人，永远记住这样一个道理：依附一个男人，就好像染上毒瘾那样可怕。

小贴士

高职毕业的台湾名女人何丽玲曾说：“女人能年轻多久？可以无忧无虑多久？身为依赖成习的女性，有时候我们该思考，如果有一天发生意外状况，我有没有能力自给自足？”终有一天我们必须靠自己想办法过日子，只有自己才能保障自己的未来，同时给予男人无限的动力。

情商高更容易受欢迎

很多沟通实际上就是说服别人的过程，也就是逐渐攻破被说服者的心理防线的过程，只有首先获取了对方的信任，让对方逐渐“认同”你，和你产生心理共鸣，才更容易说服对方，从而达到理想的说服效果。只要当事人情商高、直觉敏感、善解人意，往往更容易攻破他人的心防，获得别人的信任。

攻心说服最基本的技巧是巧妙地诱导对方的心理或感情，以使被说服者信服。所以最好使对方获得心理上的优越感或满足，以迎合对方的心理，千万不要试图批评或改变对方的想法。

怎样首先获取对方的信任呢？

1.取得心理共鸣

在尝试说服某个人时，不妨先避开对方的忌讳，从对方感兴趣的话题说起，先从情感上取得一致性，然后从细节处扭转对方的观点，进一步赞同你的想法。比如，曾学过的《触龙说赵太后》就是先说自己“偏爱小儿子”迎合了赵太后的心理，然后说宠爱子女要“为之计长远”逐渐攻破了赵太后的心里防线，取得了赵太后的信任，才能最终达到目的。

2.用实例来取得信任

很多推销者往往这样说服客户“你的同事/邻居/好朋友某某也用过这个产品或者也买了这个产品”或者“我自己也用这个牌子的护肤品，你可以看看我的皮肤”等，这样直观的实际例子更容易取得对方的信任，关键是所举例子最好是对方熟悉的、有好感的人，否则以对方讨厌的人做例证，往往引起反感，也就不容易达到目的。

3.用自己的人格取得信任

当对方把你当成朋友，往往更容易接受你的说服。很多保险和业务人员就是这样做的，他们往往不会直接说服客户，而是先和客户成为朋友，当然并不讳言自己的职业，当交情达到一定的程度以后，对方有这方面的需求，自然而然就很容易找上他们，这种长期的营销策略更容易博得别人的好感。比如，有个公司在每个节日都会为每个家庭寄上一张贺卡，并署名自己的公司，有需求的时候，人们第一想到的往往就是这个公司。这也属于一种隐晦的说服术。

4.有具体的数字和资料支持更能取得对方信任

对理性的人来说，更容易从具体的数字和资料方面分析获得信任。比如，一句广告“一年卖出三万多杯，杯子连起来可绕地球一圈”就是具体的数字资料，说明其受欢迎的程度，更容易得到消费者的信任和喜欢。尤其对业务营销来说，想要说服某个大客户，一定要提供详细、专业的技术资料和销售情况以及其他客户的反馈，更容易得到对方的信任。但对普通消费者来说，专业资料反而不容易被欢迎。

5.层层分析释去别人的疑虑

一个人对某件事情想不通，往往会疑虑重重，并不一定是对劝服者不信任，仅仅是对道理不理解，这时候就要用层层释疑的方法把道理说透，进行全方位、各角度的分析，一点点释去对方的疑虑，才可能说服对方。

小贴士

有这样一句格言："人的心和降落伞一样，必须是开的才有用。"想要获得对方的信任，就要使对方首先敞开心扉，取得心理共鸣。首先必须话题投机，态度观点一致，才能让对方有知己感，进而赞同你的想法。如果话不投机，难以消除人们之间的对立情绪，对方和你有心理隔阂，自然不愿听你说话，不愿和你亲近，也就不能达到说服的目的。

情商高就是会说话

许多人可能都不知道这样一个秘密：说话可以成为幸福生活的密

钥。说话怎么可能为我们的生活带来幸福呢？在现实生活中，许多人是人前话很少，人后却是喋喋不休，他们对着天花板抱怨、对着窗户咒骂，内心所受的委屈以及伤痛瞬间涌现了出来，人们通常把这样的心情叫作“憋屈”。因为在大庭广众之下不敢说、不愿说，结果，自己受到的不公平待遇只能是“哑巴吃黄连——有苦说不出”。这些不敢说话的人，往往也是生活中总是感觉到自己不幸的那一类人。

说话，对人的情绪是有一定影响，心中想什么，就应该大胆地说出来，如此才不会造成内心的压抑和憋屈。话说完了，心中的怨气也没有了，如此一来，你还会感觉到自己是不幸的吗？因此，我们可以说：幸福生活的密钥就是说话。

美国医药学会前会长大卫·奥门博士曾说过：“尽量培养出一种能力，使别人能够了解你的思想和感觉。学习在个人面前、团体面前、大众面前清晰地表达自己的思想和观念。在你通过不断努力而获得进步的时候，你便会发现：你——真正的你，正在人们心目中塑造一种前所未有的印象，产生前所未有的冲击。从这个处方中，你还会得到另外的好处。学会说话，会增强你的自信心，你整个人会越来越温和、越来越美好。这将意味着你的情绪已渐入佳境。”这是他曾经开过的一个药方，当时，他还说了这样一句话：“在药房里抓不到，每个人得自己配，你要认为自己不行，那就错了。”

李女士是出了名的“撒气儿夫人”，她就职于一家大公司，并担任了办公室主任。在工作过程中，最让李女士头疼的就是处理纷繁复杂的人际关系，由于她不擅长说话，总是将每天公司里发生的那些不顺利的事憋屈在心里，时间长了，她就养成了“上班受气、回家撒气”的习惯。备受其害的无奈的家人，送了一个“撒气儿夫人”的绰号给她。尽管这样，与家人的关系还是越来越糟糕。

李女士经常抱怨：“我觉得自己就是最不幸的人，在公司，要无端端地受别人的气，自己却大气不敢出；回到家，本想撒撒气儿，可家里人也不理解、包容，我真是有苦无处说啊。”面对李女士的个例，心理医生表示说：“其实，心中有委屈就要一吐为快，学会了说话，你的心情舒畅起来，工作也会顺心不少，家庭也会和睦起来，如此一来，那些所谓的不幸将会成为一种幸运。”

在生活中，诸如李女士的案例比比皆是，对此心理学家指出：“假如一个人很有主见，当自己受委屈的时候，会在第一时间表明自己的态度，就不会在心中郁积很多的愤怒。”然而，对大多数中国人来说，他们习惯了忍气吞声，不愿意说出来，结果反而给自己内心积压了更多的压力和不满。因此，如果你就是李女士的影子，那么，请大声地把自己的意见与观点说出来，你的心里将会舒畅很多。说话，确实是你开启幸福生活的钥匙。

在生活中，许多人之所以会感觉到自己是不幸的，大多在于内心自卑、缺乏勇气。而综合起来，就是不敢或不愿意说话，因此，才会把自己推至不幸的境地。说话可以为我们的生活带来很多新的改变，不管是情绪上的改变，还是心理上的改变，这些改变都是很有必要的。

1.说话是培养一个人自信和勇气的最佳方式

卡耐基先生说：“说话是培养一个人自信和勇气的最佳方式。”当一个人消除了在一群人面前说话的恐惧之后，也会克服对自己、对别人以及对生活本身的恐惧。大多数人都有这样的体会：当你站在许多人面前说话，说得听众频频点头，大家的目光都在赞许你，还有人在本子上记要点，在说话结束时听众对你抱以热烈的掌声，在散场时有人让你签名，有人会找你请教问题，你会对自己产生新的价值认定，心中的自卑感会一扫而光，自信心将得到无比的增长。

2.说话将为你减少内心郁积的怨气

对于那些总是憋屈地生活着的人来说，说话将会为你减少内心郁积的怨气。在心理治疗术里有一种办法叫作空椅子，告诉我们缓解压力的根本办法就是接纳自己、大胆表达自己的意见。对此，对于自己所受的委屈及压力，我们应该真实地通过说话反应出来，如此，你才能感受到生命带来的幸运。

小贴士

假如你觉得你的生命遭遇了不幸，或是升职无望，或是求职失败，或是向异性表白遭遇了拒绝等，我相信，大卫·奥门博士所开出的药方——说话，都是十分适合你的。如果你能够真正地学会说话，那么，你会发现，幸福的生活正在向你挥手呢。

第 11 章

心理暗示，激励做最好的自己

生活中，那些情商高的人对生活、工作和感情总是怀揣着热情和激情。他们总是会想办法调动自己的积极情绪，让好情绪伴随每一天，不会让坏情绪来影响自己。他们总会给予自己积极的心理暗示，鼓励自己，告诉自己自己是最好的。

养成每天“幸福”的习惯

叔本华曾说过：“我们很少想到自己拥有什么，却总是想着自己还缺少什么！不要感慨你失去或是尚未得到的事物，你应该珍惜你已经拥有的一切。”有人曾问活到120岁的老人，为何会这样长寿，老人笑了，深深浅浅的皱纹似乎也满含笑意，他说：“没有什么，只要凡事看开点。”或许，年少时的我们太猖狂，总以为人生只有甜美，可是在经历了命运的坎坷、生活的艰辛之后，我们逐渐懂得人生并不如想象般一帆风顺，其中也有酸甜苦辣，只有放宽心胸，凡事看开点，人生才会变得更美好。否则，总是自己跟自己生气，有可能会在怨气中度过余生。其实，幸福的底线是自己界定的，它可以很高很高，也可以更低一点，将幸福的底线画得越低，我们就越容易接近幸福。

史铁生曾这样写道：“生病的经验是一步步懂得满足，发烧了，才知道不发烧的日子多么清爽。咳嗽了，才体会不咳嗽的嗓子多么安详。刚坐上轮椅时，我老想，不能直立行走岂不把人的特点搞丢了？便觉得天昏地暗，等又生出褥疮，一连数日只能歪七扭八地躺着，才看见端坐的日子其实多么晴朗。后来又患尿毒症，经常昏昏然不能思想，就更加怀念往日时光。终于醒悟：其实每时每刻我们都是幸运的，任何灾难前面都可能再加上一个‘更’字。”史铁生从心底深处说出了这样的话，也许，我们可以理解为他一定是吃尽了“疾病”的苦头，懂得了感恩，所以，才把幸福的底线定得这么低。事实上，幸福的底线本就如此低，为什么我们并没有养成每天“幸福”的习惯?

死亡，或许是人们最后的结局，但是，在通往终点的路上，人们却各有选择。乙水手心怀感恩，即使人生遭受到了最大的打击，他依然乐观地感激每一天，因为自己还活着，正是这样的信念，他总是能够轻易地感受到幸福。甲水手则不一样，总是为未来而担忧，患得患失，自己跟自己过不去，时刻都处于忧虑之中，最终，即使面对死亡，他也满脸悲伤。在很多时候，我们不懂感恩，总认为生活给予自己的不够多，不自觉提高了幸福的底线，但是，当我们真正意识到什么是幸福的时候，生命留给我们享受幸福的时间已经少得不能再少了。

亚伯拉罕·林肯曾经说过：“人们如果下定决心要拥有幸福，他就会等到幸福。”经常关注杨澜博客的人会发现，她有一个特别的习惯：每天都会写下5件让自己感到幸福的事情，比如，天气晴朗温暖，让我一睁开眼就有好心情；与几位朋友共进晚餐……在后面，杨澜写了这样一句话：“我们从小就学习各种能力，但似乎忽视了一种最重要的能力——感受幸福的能力。”

小贴士

因为不懂感恩，所以我们渐渐失去了感受幸福的能力，试想，将幸福的底线画得太高，幸福还会离我们很近吗？如果每天我们将幸福的底线画低一点，那么，幸福的指数就会一直上升，感恩也会成为一种习惯，伴随我们左右。

积极的暗示产生积极的心态

心理暗示在日常生活中随时随地都可以看到，它是用含蓄、间接的方式对人的心理状态产生影响的过程。一般而言，暗示又分为他人暗示和自我暗示，当遭遇不公平待遇时的积极心理是一种自我暗示，即自己把某种观念暗示给自己，并使它实现为动作或行为。自我暗示的作用是巨大的，不仅能影响自己的心理与行为，还能影响我们的生理机能。另外，只有积极的心理暗示能起到增进和改善的作用；反之，消极的暗示能扰乱我们的心理、行为及人体的生理机能。当你习惯地想那些快乐的事情，你的神经系统就会习惯地令自己处在一个快乐的心态，这时你会发现幸福是触手可及的。

积极暗示心理学家马尔兹说："我们的神经系统是很'蠢'的，你用肉眼看到一件喜悦的事，它就会做出喜悦的反应；看到忧愁的事，它就会做出忧愁的反应。”于是，积极的暗示产生积极的心态，消极的暗示产生消极的心态，对我们自己来说，应尽量避免运用消极的暗示。

在生活中，我们常常会感到悲伤、烦闷，总是认为幸福是一种奢侈品，难以把握。其实，只要我们学会了积极的心理暗示，那幸福是触手可及的。

习惯于幸福的人会每天对自己说：“今天的天气真好，一切都会顺利的。”而不幸的人会说：“今天一切又不会顺利。”有时候，幸福对我们来说只是一种选择，谁也不能决定你的幸福，只有你自己。

小贴士

幸福只是隐藏在生活琐碎的事情中。幸福隐藏在琐碎的事情之中，就如同点点粉末洒在日常事物之中，当我们的眼光太过高远，就看不见那些随处飞扬的尘埃。所以，别计较太多，如果我们每天都在细数着自己身边的幸福，那么，幸福的指数就会一直上升，最终成为一种习惯，伴随我们左右。

停止抱怨，请积极行动

英国著名作家奥利弗·哥尔德斯密斯曾说：“与抱怨的嘴唇相比，

你的行动是一位更好的布道师。”与其抱怨，不如从此刻开始行动。面对生活里的一丁点儿不如意，人们最普遍的习惯是抱怨，不停地抱怨，抱怨父母不理解，抱怨社会太现实，抱怨朋友的欺骗，于是，抱怨成为了一种习惯，然而，那些不如意的、麻烦的事情并没有得到真正的解决，自己的情绪反而因为抱怨而陷入了恶性循环，这就是抱怨所带来的负面影响。我们所生活的世界每天都在发生变化，关键的是，我们自己为这个世界带来了什么样的变化。

对大多数人来说，每天所做的最多的事情就是抱怨这样或那样，这些情绪会逐渐导致负面的改变。对此，心理学家认为，学会关注他人、尊重他人，为其提供礼貌、周到的服务，则会造成积极的改变。所以，停止抱怨，将这样一种怨气付诸实际行动，从此刻开始改变吧！

王小姐是公司负责企划案的经理，最近，手头刚刚接了一个企划案，可是，需要另外一个部门的配合才能有效地执行。可是，令王小姐感到苦恼的是，自己的搭档因为觉得所附加的工作量太大，不愿意去做，而且，还责怪王小姐：“我最近都很忙啊，你还拿这样的企划案来找我，真是没事找事。”王小姐心中一肚子怒火，忍不住找同事抱怨：“咱们都是为工作，我们行，她怎么就不行呢？”说着说着，王小姐发现自己的怒火越来越大，甚至，哪怕是看见另外一个部门的员工，心中的火气就“腾”地一下冒起来了。

不过，抱怨了事情还是没有解决，王小姐意识到这根本不能解决问题，自己需要沟通。她心想：抱怨毕竟只是发泄，解决不了问题，既然是为了工作，那就是对事不对人，我得找她沟通去。后来，王小姐找了一个机会把自己的意图跟工作中的搭档解释了一下，对方竟欣然接受了即使加班也要完成工作的要求。工作任务完成之后，王小姐长长舒了一口气，说道：“如果当初我继续抱怨下去，就会影响我跟她继续合作的情绪，工作肯定完成不了，看来，以后，我得少抱怨，多行动才行呐！”

有时候，我们在工作中会遇到一些人际麻烦，有的人的处理方式是跟其他人抱怨，这无疑是制造了一个“三角问题”，自己和工作搭档有问题，却和另外一个人讨论这些事情。事实证明，一味地抱怨根本解决不了问题，改变事情的现状最有效的方式是行动，而只有行动才能改变事情。所以，请停止抱怨，放弃抱怨，从此刻开始行动吧！

什么是抱怨呢？有人说这是一种宣泄，一种心理平衡，似乎抱怨可以将那些不如意的事情发泄出来。每天，每个人可能都会面对许多不如意的事情，如果只是一时的抱怨，这还可以接受，但是有时候抱怨久了就会形成习惯，而抱怨的根源是对现实的不满意。一个人来到这个世界上，面对生活中的诸多不如意，我们只有两个选择，要么接受，要么改变。

阿尔伯特·哈伯德曾说：“如果你犯了一个错误，这个世界或许会原谅你，但如果你未做任何行动，这个世界甚至自己都不会原谅你自己。”抱怨，它只是一种语言而不是行动，当一个人过多地被语言困扰的时候，他会失去行动力。当然，将抱怨转化为动力，我们还需要拥有广阔的胸襟，只有看透了抱怨的实质，我们才能将怨气化为动力。

从前，在魏国东门有个姓吴的人，他的独生儿子死了，可是，他看起来也一点都不伤心，每天仍早出劳作，快乐自在。有人对此感到不解：“你的爱子死了，永远也见不着了，难道你一点也不悲伤吗？”那位姓吴的人却回答说："我本来没有儿子，后来生了儿子，如今儿子死了，不是正和我以前没有儿子时一样吗？每天那些农活依然是我的工作，我又何必去忧伤呢？花费时间去伤心，不如将这样的精力投入到实际行动中来。"

小贴士

抱怨成了接受事实的一个阻碍，我们总是想到：这件事对我是不公平的，这样的事情怎么会发生在我的身上呢？我怎么能接受这样的事情呢？所以，一种强烈的倾诉欲望开始萌发，我要去对别人诉说，以此证明我的无辜和委屈，于是，在我们抱怨的时候，我们已经失去了去改变这件事情的机会。那么，当我们无休止抱怨的时候，有没有想过比抱怨更好的解决方法呢？

不付诸行动，怎么改变命运

有人说自己是一座宝藏，挖掘得越深，获得的越多。也有人说，自己是一匹奔腾的野马，重要的不是学会怎样提速，而是控制自己。

人有各种各样的优、缺点，也有一种惰性，这种惰性经常导致计划落空。人在计划落空时又很容易形成新的计划，新计划其实是旧计划的翻版。结果就是，一项计划翻来覆去总没有结果。这是十分悲哀的事情。成就一番事业必须雷厉风行，要有一种魄力，说干就干，一点儿也不拖延。这是成就事业的一种品格。

朗费罗说：“我们命定的目标和道路，不是享乐，也不是受苦，而是行动。”胸有壮志宏图，但若不能付诸实施，结果只能是纸上谈兵，毫无实际意义。

拖延是一种坏习惯，它会让人在不知不觉中丧失进取心，阻碍计划的实施。一个人如果进入拖延状态就会像一台受到病毒攻击的电脑，效率极低。拖延最常见的表现就是寻找借口。虽然目标已经确立了，却磨磨蹭蹭，像个生病的羔羊，没有一点精神。不论什么时候，他总能找到拖延的理由，计划当然就会一拖再拖，成功便遥遥无期。

安尼瓦尔是一名销售员，他为自己制定了一个完整的销售方案。他第一天到公司上班的时候，没有去做销售工作，而是在办公室里听歌，他觉得他的销售方案太完美了，不用那么急着去做工作。第二天他仍然没有去做销售，他对自己说，我是学营销专业的，销售对我来说太简单了，不用急。结果一个月过去了，他没有一点销售业绩，老板只好把他开除了。但是老板很惋惜，因为他的销售方案确实非常完美，只是安尼瓦尔没有立刻去执行。

对一个公司来说，很有可能会因为拖延而损失惨重。1989年3月24日，埃克森公司的一艘巨型油轮触礁，大量原油泄漏，给生态环境造成了巨大破坏。但埃克森公司却迟迟没有做出外界期待的反应，以致引发了一场“反埃克森运动”，甚至惊动了当时的布什总统。最后，埃克森公司总损失达几亿美元，形象严重受损。

那么对一个人来说，拖延又会带来什么灾难性的后果呢？对一个渴望成功的人来说，拖延将成为制约他取得成功的桎梏。在公司，没有一个老板喜欢有拖延习惯的员工；在家里，没有一个妻子喜欢有拖延习惯的丈夫。

社会学家卢因曾经提出一个概念，叫“力量分析”。他描述了两种力量：阻力和动力。他说，有些人一生都踩着刹车前进，比如，被拖延、害怕和消极的想法捆住手脚；有的人则是一直踩着油门呼啸前进，比如，始终保持积极、合理和自信的心态。

所以，有了目标后，最重要的就是放弃任何借口，立刻将它付诸实施，并且坚持到底。我们常说，千里之行始于足下，就是要求我们行动起来，把心中的梦想通过立刻行动变成美好的现实。如果只是因为自己有一个美好的梦想就沾沾自喜，而忘记了行动的力量，那么无论天上的星星有多么漂亮，你也不能把它捧在手中，无论对岸的风景有多么诱人，你也不能亲眼目睹，无论海中的贝壳有多么美丽，你也不能把它挂在你的胸前。

那么，拖延心理是怎么产生的呢？

1.潜在的恐惧心理

许多恐惧是我们意想不到的，许多人明明对一些事情充满了恐惧却不清楚自己到底在害怕什么，有的人声明自己并不害怕但他却一直在逃避某些事情，这些就是潜在的恐惧心理。有的人越是逃避，越是害怕，为了逃避这些，只能慢慢拖延，比如，害怕繁重的工作，早上就不想起来，总觉得有一种畏难情绪。

2.时间作息混乱

通常拖延症患者的作息时间表都是混乱不堪的，比如，盲目乐观地估计自己的能力，他会想在睡前加班将工作完成，事实上他根本不清楚自己是否能顺利完成；恐惧确切的时间和时间，有的人十分恐惧时间，比如，总是等到主管催了一次又一次，才会交上自己的工作任务；没有具体的规划，拖延症患者根本不知道自己完成一件事情需要多久，也没办法说出自己的具体计划，他们总是想捍卫自己的自由，甚至想逃避时间的控制。

3.对最后期限的恐惧

拖延症患者行为与心理的矛盾表现为：一方面他们害怕时间不够用；另一方面他们不到最后一刻决不采取行动。哪怕是之前开始行动，也没办法坚持下去。对于大部分喜欢拖延的人而言，他们的心路历程就是这样的。

4.追求完美犹豫不决

有的人喜欢追求完美，当他们在做一件事情的时候，总是犹豫不决，改来改去，紧急关头也拿不定主意，无法做出决断。这些问题导致他们对自己应当做的事情一拖再拖。

小贴士

你是否有这样的表现呢？今天的事拖到明天做，六点钟起床拖到七点再起，上午该打的电话等到下午再打，每天要写的文章攒到最后时刻再写，今天要洗的衣服拖到明天再洗，这个月该拜访的朋友拖到下个月再拜访。如果你有这些表现，那么你是一个十分拖延的人，应该立刻改掉这个坏习惯。

保持平常心，将输赢丢开

在兵法中，有这样一句话：“胜败乃兵家常事。”简单的一句话，却启示给人一个大道理：尽量将输赢丢开，胜败皆是常事。其实，在生活中何尝不是这样呢？当我们遭遇失败的时候，需要告诉自己：“将输赢丢开。”不要在乎自己到底是输了还是赢了，你越是计较，心情就越是糟糕。确实，生活中从来没有输赢，我们所需要保持的是淡定的心态，对于我们每个人而言，生活是风云变幻的，那些意想不到的事情总会在我们不经意的时候发生，既然输赢的结果已经出现了，我们所需要的就是保持一颗平常心，不计较输赢。

面对失败，我们不能因一时的挫折而丧失斗志，一蹶不振，不能因为一次输赢而患得患失，失去了对失败所需要的平和心态。有时候，人生就是一场又一场的赌博，输赢并不是自己所能决定的，我们所能做好的就是填满中间空白的过程，如果我们没办法决定是输还是赢，那就选择平和的心态。

大学毕业后，他放弃了父母托关系为他找的“铁饭碗”，只身带着单薄的行李南下，来到了炙手可热的沿海地区。每天做很简单、枯燥的工作，他都能从中得出自己的快乐，而且他好学，遇到什么不懂的问题都会向同事请教。时间长了，老板欣赏他的踏实与认真，晋升他为秘书。之后，不断地升职，他已经在企业有了响当当的名号，这时候，他毅然放弃了高薪职位，拿着多年的积蓄，开了一家小公司。在他的努力经营下，小公司一天天成长，他成了远近闻名的大老板。

在那年的金融海啸中，他的公司不幸也遭遇了很大的冲击。得知消息的时候，他还在家里，父母担心地看着他。他很平静，反而安慰父母："没事，当年我也是一无所有，现在不过是时间的问题而已。"他回到了公司，有条不紊地处理事宜，员工看着平静的他，本来慌张的情绪也放下来了。公司该接的业务还是照接不误，好像什么都没变，公司一步步回到了正轨。

以平和的心境接受失败，不计较输赢，因为胜败乃是常事，然后对于失败之后的残局有条不紊，泰然处之。在上面这个案例中，我们所能够学到的是平和的心境，那种临危不惧的心态。在生活中，我们会遇到这样或那样的事情，可能会计较，不承认自己输了，或紧张、慌乱、无措，但只要你保持良好的心态，淡定从容，事情看起来就没那么糟糕，所谓"船到桥头自然直"，在平和的心境下，把不利变为有利，一切困境都会过去。

胡雪岩说："我是一双空手起来的，到头来仍旧一双空手，不输啥！不但不输，吃过、用过、阔过，都是赚头。只要我不死，你看我照样一双空手再翻过来。"因为那份坦然的心境，胡雪岩虽然输了，但输得漂亮，实在令人佩服。

在生活中，输与赢不过是不同的结果而已，任何一个人，既要有赢的渴求，同时，也要有输的心理准备。

面对危机，要能够输得起。人生做事，必然会有输有赢，胜败乃兵家常事，关键是心里不能输。既然选择了做生意这样有风险的事业，就要“赢得起，更要输得起”。

小贴士

输赢乃常事，我们所能做的就是始终保持一颗平和的心，因为生活本就没有输赢；即使输了，也不要输了斗志、输了志气。如果你总是计较生活中的输赢，那估计你常常会成为输家，而非赢家。

参考文献

[1]丹尼尔・戈尔曼. 情商[M].北京：中信出版社，2016.

[2]于一鲁. 情商高，就是把情绪控制好[M].贵阳：贵州人民出版社，2017.

[3]剑圣喵大师. 优秀的人，从来不会输给情绪[M].苏州：古吴轩出版社，2017.

[4]左岸. 情商管理课：优秀的人如何掌控情绪[M].北京：中国华侨出版社，2017.